活出生命品质

詹唐宁 / 著

人民东方出版传媒

东方出版社

让智慧回归生命

亲爱的可爱的你：

见字如面。

终于等到你了！我是唐宁，很开心我们终于在本书的旅程中相会。我将把自己 37 年来那些如此欢腾鲜活，如此热诚滚烫的生命历程，来真挚地与你分享！

在过去，我常常问自己一个问题："今天，我活出生命最美好的品质了吗？"

曾经，我在情绪中困扰，在痛苦中徘徊；

曾经，我在关系中卡顿，在成功上焦灼。

那些年，我苦苦思索，如何让生命中的每一天都过得精彩绽放，幸福不已？！

那些年，我反复追问，如何让人生中的每一刻都活出瑰丽神奇，无与伦比？！

那是我们每一个人都值得活出的美好，那是我们每一个人都值得拥有的祝福和礼物，不是吗？

　　因而我在 2017 年 12 月 8 日，墨尔大学的首发演讲上，第一次喊出了这个主题"活出生命品质"。让智慧回归生命，对治时代焦虑症，帮助和支持每一个人活出最美好的生命品质，这就是我创办"墨尔大学"的初衷。

　　非常感恩这一路走来，给予过我支持和帮助的家人、老师和所有伙伴们。而我自己也始终把智慧的提升，生命的成长，放在人生最高的优先级去行动，不断地探索和学习。如今，带着对这个我们此生最重要议题的全新领悟，我将最新的心得体悟，在本书中与你分享。

　　这是我非常热切的渴望，通过分享，能送上对你那美妙生命的支持与祝福。更完美的，此刻——我们彼此值得：心的遇见。

　　在本书中，我将贯穿始终地分享融合了东西方智慧精要的两大自我提升的有力工具：觉察与修正。这既是近年来我自身学习的哲学总结，也是我每天练习的最实用有效的精进方法。同时我还将分享生活和关系中的精彩案例，更为你奉上解码情绪和能量调频的具体练习方法。当然，还有更多顶尖导师们的智慧好课，以及健康前沿的美好活法，都在墨尔大学的 App 里，我们后续可以互动交流更多哦！

　　生命的每一刻，都是用来感恩和欢庆的。

　　生活的每一天，都是用来兴奋和惊奇的。

　　探索智慧，分享美好。让我们一起去学会信任生活将要向你展现的，去热爱生活中必要而完美的每一步阶梯，去感恩与激赏来到你生命里的如此正确而可爱的每一个人——在更高的意义上，无论或早或晚，你都会发现，这是真的。一切的发生，无论我们因自身的视角和信念，而将其定义为何，都能服务于我们自身成长进化的最高利益，都能被使用于对我们只带来正面影响。这正是智慧，所能为你带来的必然结果。

亲爱的，让我们一起去认出彼此生命的本质，去洞见人生旅程的完美惊人设计。让我们朝着活出生命最高版本的方向走，活出自己最理想的存在状态，去体验这颗美丽星球所能活出的万般美好，去惊叹此生的所选所爱，那值得和必然的精彩与珍贵。

亲爱的，让我们唤醒内在的力量，提升生命的效能，共同来绽放最美好的生命品质，踏实而顺流地经营自己的人生幸福，收获最璀璨的生命智慧！让我们共同在宇宙那鲜活流动的圣爱河流中舞动，让我们一起服务于伟大地球母亲与所有生命共同的福祉，去和谐富足地向世界贡献自己独特的天赋才华，去满怀激情地分享我们自身的整个存在。

是的，它已然圆满具足。

是的，它向来如此美好。

一直祝福着你的唐宁　敬上

目 录
CONTENTS

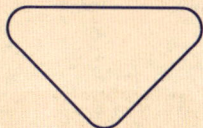

第一章

白雪公主的童话隐喻

"所有的发生，
只为呼唤
更多耐心，
更多智慧。"

NO.1
每个人心中都有一个皇后

这是一个古老的童话，白雪公主。是的，如此熟悉，我们中的大多数人都曾听过的故事。

今天，我们要一同去探索这个童话故事背后的隐喻，并用全新的视角来解读其中不为人知的礼物。

故事先从一面神奇的魔镜说起吧。

这面魔镜，能照见宇宙中一切问题的答案，有问必答，绝对真实。而且它还能预知未来。

这个国家最美丽且最位高权重的女子——皇后，面对着魔镜发出这样的叩问："魔镜，魔镜，告诉我，谁是这个世界上最美丽的女人？"

这个高高端坐在皇位上，扬起下巴并傲视一切的皇后，她那绝世而冷酷的容颜，时常让群臣感到战战兢兢，不寒而栗。

皇后对着魔镜，照见镜中那头戴水晶皇冠，身披金丝长袍的自己，心中感叹："我是这个国家最有地位、最有权力、最美丽的人，我是如此的独特和闪耀。我才是那唯一最重要的人，以至于我决不能允许这个国家出现第二个最美丽的人。我必须捍卫我的位置，我的 power，我的权威！"

魔镜说："亲爱的皇后，当白雪公主长大后，她才是最美丽的女人。"这无疑是一个最令人崩溃的打击，面对失去"最美丽"位置的这个巨大损失，皇后杀心大起，开始了对年幼无辜的白雪公主的追杀加害之路。

看到这里，你不禁要讨厌这样的皇后。但是我要告诉你，是的，我们每个人的内心都住着一个这样的皇后。别急，且先听我慢慢说来。

在我们成长的过程中，你有没有曾经经历过一些巅峰体验的时刻？你或许也曾体验过以下的某些场景：当你小时候考了100分的时候；当你在比赛中拿到第一名的时候；当你第一次昂着头走 VIP 通道或踏进头等舱的时候；当你第一次住进大别墅宴请亲友的时候；当你第一次开着数百万的豪车在路上呼啸而过，偶遇骑着摩托车还不戴头盔的当年同窗的时候；当你开始成为朋友圈里的意见领袖，或与知名大 V 们相谈甚欢的时候；当你成为全场瞩目之焦点的时候；当你受到赞扬、夸奖，被羡慕，甚至是被嫉妒的时候；当你完成了别人眼中认为"不可能"的惊奇之事的时候；当你做到一些很酷炫或很有意义的事情，自我感觉极其良好，甚至不免惊叹"哇，这一刻超级无与伦比"的时候！

······

是的，我们都经历过那样的时刻，那样的体验。那些让我们可以感受、确认并强化"自我力量的存在，独特和价值"的体验。在那些时刻，我们深刻感受到：是的，我是重要的，我是特殊的，我是很棒的。

NO.2
全家都在做的证明题

在我们成长的过程中，你有没有曾经体验过关于"证明自己"的剧情呢？

当我作为一个女孩出生的时候，对于这个充满乡下传统的潮汕家庭来说，真是一个坏消息。当年潮汕那边，生女孩的话是不摆满月酒的。只有生男孩的家庭，满月才会摆酒，并接受亲朋好友的祝福和礼物。

从我一落地，爷爷的一声叹息开始，我的母亲在月子里几乎是以泪洗面。直到我长大后，母亲一提到做月子的各种经历，还难掩激动之情。

20 世纪 80 年代的山区物资匮乏，那时候也还没有像现在有"素食"的概念，鸡蛋和猪肉便是当时被认为最难得的滋补。当年奶奶在给坐月子的母亲喂饭时，勺子一拿起来，肉就掉下去了，因为总共也没有几片，奶奶就只好用勺子垫得高些，端给母亲，希望这样能看起来体面些。后来看到母亲边吃边抹泪，奶奶便解释道："唉，有什么办法呢？谁让我们家生的是女孩呢，拿鸡蛋和送肉的人少了，大家也不好上门来庆贺不是。"

那时母亲便咬牙暗下决心，一定要生个男孩不可，只有这样才能改变自己的命运，改变她在家族中的地位。

没想到第二个孩子出生了，又是女孩。

这次我的妹妹没有那么幸运了，一出生便被送到亲戚家领养。

紧接着第三个孩子出生了，又是女孩。

当三妹刚刚满月，家人又决定将她送到另一亲戚家领养。此时一个坏消息传来，没想到二妹一岁多便因病夭折了。母亲一边深陷在痛苦和自责中，一边不好违背长辈的决定，继续帮三妹采买置办各种新衣，以便她到新家后能穿得鲜亮些。

来接孩子的婆婆踩着单车到家门口了，母亲也刚给三妹洗完澡并换上了新衣，不知怎的，母亲突然号啕大哭，她人生中第一次向家中的长辈奋力抗争。她把三妹死死抱在怀里，这次说什么也不能再让人把女儿抱走了！就这样，家人带着对失去二妹的痛苦和悔恨，最终才把三妹保了下来。

由于连生三胎都是女孩，爷爷也不敢对抱孙子有太大的希望了。他看到6岁的我是个机灵聪慧的小姑娘，又折腾起了新的主意。在接下来的两年里，他托人往福建山区找愿意被领养的贫困家庭的男孩，准备给我配一个上门女婿，把我留在家中不外嫁，这样就不怕没有男孙传承姓氏了。那两年，每听到有家庭愿意把男孩送养到我们家，爷爷便带着母亲上门去看。而母亲总是找各种理由搪塞推脱，直到她怀上了第四个孩子，爷爷才消停了下来。

第四个孩子终于出生了，男孩。

母亲一边接受着计划生育政策的处罚，一边意外地有了第五个孩子，又是男孩。

这下子有了两个男孩，母亲似乎满足了家族的心愿，心中的大石头也便落下了。

而我的成长便开始有机会体验"皇后"的剧情了。在四个孩子（二妹早逝）之中，小小的我潜意识里，已经想要去证明，我是那个最优秀的孩子，值得去拥有父母平等的关注和爱。于是，学习成绩就成了我努力去争取的最有力证明。

每一堂课上，求知若渴扑闪的眼睛背后，我想努力证明着什么？

每一次大考，躲在宿舍被窝"开夜车"的背后，我想努力证明着什么？

小升初时，我以全年级第一的成绩升入初中，我想努力证明着什么？

一路开挂出演着"好好学习，天天向上"的学霸，我想努力证明着什么？

有了这个学霸大姐，弟弟妹妹们也一直顶着压力在奋力地成长，他们总是在"向你大姐学习；看看你们的大姐……"的告诫中，被送到各种补习班，最后也全都拼了老命地奋力考上了本科。四个孩子，都在相互的学习与证明自己中，彼此激励促进着长大。

直到有一天，我看见了这道我们全家不自觉地都在做的证明题。

我的母亲在证明，她也可以生出男孩，她可以在家族中有地位，不会被看不起。

我的爷爷奶奶在证明，我们家也能添丁，人丁兴旺才有富足的未来。

我在证明，作为长女，我可以和弟弟们一样聪明和优秀，决不会让家人失望。

我的弟妹们在证明，他们和学霸大姐一样优秀，他们也能考上本科，在每年共同赴考的孩子们之中，他们能名列前茅，决不会让家族丢脸。

原来，我们的内心总是渴望证明："看，我值得拥有你们的关注，值得拥有你们的爱。看，我是这世间最特殊、最重要、最厉害的人！"

原来，我们每个人的内心都有一个皇后。

我们渴望被看见，我们渴望被重视，我们渴望被关注，我们渴望被尊重，我们渴望被爱。

我们渴望成为最独特的人，我们渴望成为最重要的人，我们渴望成为最耀眼、最棒、最厉害、最牛的人。

我们渐渐长大成人，我们渐渐成熟老练，我们越来越渴望成为一个有地位、有权威、有声望、有名利、有实力、有影响力的人。

是的，我们每个人的内心，都有这共同的渴望，深层的需求，不自觉的求证：我要成为那个最特殊、最重要、最厉害的人。

我们是如此渴望出类拔萃，卓越不凡，成为父母眼中的骄傲，有能力 hold 住局面，掌控一切，对他人的决策有影响力，对事件发展有至关重要的控制力。

皇后，正是对最特殊、最重要、最厉害的"控制者"模式的隐喻。

NO.3
"我，怎么样?"

这几年来，我常向全球各领域的智慧导师学习，无论是通过老师举办的工作坊或是公开演讲，后来也有机缘主办过数十位导师的工作坊。在我学习或合作过的老师之中，有的是畅销书作者，有的在各个研究领域备受认可和崇敬。

我发现一个有意思的现象，在演讲或课程分享结束后，常有老师问起："这次学员们反馈如何，他们觉得有收获吗?""对于刚才的课程，你有什么建议吗?""你觉得刚刚我的演讲，怎么样?"而我自己也会在开课结束后，关心班级社群、微信朋友圈和微博上的留言和反馈，我也会去问小伙伴们："今天我讲的怎么样? 这课大家觉得干货足吗?"我看见，一方面出于对现场学员学习的收获如何，做出关心和确认："学员们觉得收获如何?"而另一方面也正是体现了我们深层的一个自我生命体验的主题：你觉得"我，怎么样"?

你呢，有没有这样一些时刻：你发了朋友圈以后会不时地去刷新看看点赞数和留言? 你在群聊发言后，很关注群友觉得你的言论是否睿智或有独特的见解？当你更新了新头像，会关注好友们的评价吗？当你以一身新造型亮相时，会期望获得赞许"我好看/我帅"吗？当你提出了有建设性的意见，并为企业提升了效益，你会期望得到大家的认可"我是有价值的"吗？

……

的确，我们每一个人都是自我体验的中心和主角，我们以对最独特和最重要的自我体验，来对存在的本身、个人的力量和特质，进行反复的确认和强化。而这就是我们每个人心中都有一个皇后的模式根源。我们渴望不断地确认和强化自己的存在和力量。

NO.4
每个人心中都有一个白雪公主

　　看着眼前无辜而楚楚动人的白雪公主，我们不免会心生爱怜。让我们看看，在狠毒皇后的追杀之下，白雪公主经历了什么剧情呢？

　　皇后让猎人把她带进森林里，猎人不忍心杀害她，便只好将她抛弃在森林里。皇后化身为女巫，几次三番投毒加害，在七个小矮人的帮助下，白雪公主一路打怪逆袭，毒梳子、毒苹果，通通都无法阻挡注定幸福圆满的童话结局。被抛弃，被下毒，被追杀，白雪公主的一路被害，其实就是"受害者"模式的隐喻。有受害者，故事中就必然有迫害者和拯救者。

　　故事中的迫害者，其实同时就是控制者（皇后），往往是试图掌控一切，控制局面往自己想要的方向发展，总想掌控、改变或操纵别人的命运，这些极端的控制者难以避免地走上了迫害别人的道路。

　　而白马王子成了故事中最大的拯救者，果然是遇见白马王子，就能终结一切受害情境的节奏。童话的结局，城堡有了，亲密伴侣有了，幸福婚姻有了，对国家的统治权力、地位、财富统统都有了。

　　是的，我们每个人的心中都住着一个白雪公主，经历着我们

"自以为的"各种受害的故事剧情。在每天的日常，总是有别人递过来一个又一个的"毒苹果"，我们也常会无意识地吞下没完没了的"毒苹果"，经历那些令身心痛苦不已的剧情。

等等，为什么说是我们"自以为的"受害剧情？难道没有真正的受害者吗？难道那些"毒苹果"不是真实存在的吗？难道一直追杀着公主的皇后不是真实存在的吗？

NO.5
"受够了" or "学会了"

试想一下，假设当我们站在一个更高的维度去看生命中所有的事情、所有的剧情，的确存在一种可能性：我们本来就是自己生命的体验者和协同创造者，我们从更高的实相上，自己预设了此生可能会体验或经历的人生剧本或生命蓝图。而我们所认为的随业力而流转，业力也的确是我们过去的自己，所创造的所有生命体验（因），而产生的当下所呈现之结果（果）的总集。

生命的实相，就是一场以自我感受为中心的体验之旅。生命中发生的所有事情，所有剧情的上演，我们都会根据自己的经验、视角、观点、信念和情绪，而做出对所有人事物的互动和回应。我们通过对所有人事物的回应，在交互地编写着人生的剧本。这点我们在后面会再深入探讨。

而我们的感觉是可以通过调频、转念，并有望对旧有重复的模式当下和解的！我们通过去练习更深刻的觉察、接纳、转化，最终更快速地去消融不适和痛苦，更耐心和仁慈地达成当下和解。而这一刻，我们也在创造新的业力牵引，为后面的人生剧情种下了新的

"因"，你必然也会收获不同的"果"。

是的，因果法则，是宇宙永恒完美运作的第一性原理。

每个人的心中都有一个白雪公主，隐喻着我们每个人的内在都有一个"受害者"模式。从更高的维度去看，当我们需要某些剧情带来更大的挑战和成长机会时，我们也相对会更容易编造出"受害者"模式；当我们彼此作为灵魂的伙伴或群组，彼此通过交换角色和体验，以帮助对方更快地磨砺和学习，我们也会更容易进入"受害者"模式；当我们过去的业力产生了重复模式和力的牵引时，我们也会更容易触发"受害者"模式；当你需要通过不断的 Replay，重复受苦的模式，直到你通过"受够了"才最终能"学会了"其中的礼物和成长时，你也会一直不自觉地重演"受害者"模式，等等。

过去，生命总是用受苦的方式来唤醒你。如果痛苦还不能唤醒你，生命就会用更大的痛苦，甚至于失去，乃至用重大疾病或死亡来唤醒你。可以说，"受苦"是过去生命体验学习和进化的主旋律，我们通过"受够了"才能跳脱旧有剧情，进入下一局的闯关之旅。

而我们通过"受害者"模式，可以丰富和强化自我对生命的体验，如同给一道好菜添油加醋般，令人类的旅程更加多姿多彩，令生命体验不会索然无味，而是更有趣好玩。酸甜苦辣皆是滋味，从体验的丰富性而言，"苦"的经历和"甜"的经历，都具有同等的体验价值，都是为了丰富你的生命经历，以获得不同层面的感悟和成长。

一方面，不同滋味的情境本身，其意义并没有高低之分，只在于你的个人感受，以及采用什么观点，去赋予其怎样的定义。另一方面，你随时都有主动的选择权，可以重新定义、选择与创造任何你想体验的画风、调性和情境。如同"哆啦A梦"的任意门，可以通往任何你想去的地方。你可以打开任何你想经历的生命旅程，你可以品尝任何你想体验的滋味。你可以随时点播和转换任何画风的剧情：韩剧、宫廷剧、励志偶像剧，遥控板其实一直就握在你的手里。画风不对时，你就可以立即换台。

现在，有个好消息就是，当今世界已进入了新时代，有了全新的频率和节奏。我们除了一直以重复模式不断受苦，直到"受够了"的方式学习以外，我们还有另外的一条超车道，名为"智慧"，即开启内在的洞见。过去有不少分享者，是通过自己经历婚姻失败、家庭破裂等的体验，而得到深刻的人生领悟，再走上帮助他人走出痛苦的觉醒道路。这个探索的过程和勇气，也非常值得我们敬佩和尊敬。

而现在有些新生代老师，已经较少经历"狗血"的剧情，而是采用了一条向内"觉察与修正"的进化之路。他们已经很少采用"跳坑—出坑"的传统套路和剧情，去成长和进化，而是以开启内在的洞见和领悟，树立起了正知正见，很快地破幻和洞悉全局，然后去分享自己的领悟。

　　所以，这是新时代能量频率提升的一个信号：我们除了"受够了"，还有一个全新的选择，就是"学会了"。对于重复的受苦模式，我们有权保持觉察，随时可以喊 cut，随时可以改写人生剧本，随时可以修正我们的信念，并积极行动去达成当下的和解，并彻底翻转剧情。

　　接下来，让我们一起"学会了"，一起去开启这内在的洞见。

第二章

生命体验的真相

"不害怕失去，

不期盼得到；

不追悔过去，

不担忧未来。"

NO.1
我们为何要在二元对立的极性游戏中去体验？

　　试想一下，如果你被丢进了一个全天 24 小时，满屋子尽是光亮的屋子里，除了满眼白晃晃的光亮以外，你看不到任何其他的东西，会怎么样呢？除了一眼望不到尽头的光亮，你再也无法感受到其他的东西，连光明也沦为再普通不过的无尽日常。

　　试想一下，如果你从未品尝过恐惧的滋味，就如同你从未见过在阳光下自己身体的阴影。我们借由身体的阴影，感受太阳的方位、阳光的角度，感受自己身体的舞动和形状。我们借由体验恐惧的感受，继而可以体验到那些更立体和丰满的感受，那些关于自我的力量和真正的你是谁，那些关于什么是真实，什么是美好，什么是爱。

　　于是生命为了丰富自身的体验，感受和探索不同的面向和可能性，开始了自己的移动。一旦移动，就生出了空间的相对位置，所谓的左与右，上与下，前与后。

　　于是就生出了基于你移动的相对空间，而衍生出的所有两极之间的体验范畴。例如，温度的冷与热，物体的大与小、高与低，描述你对人事物感觉如何的好与坏，下定义的对与错，贴标签的成功与失败等。同一个移动范畴的两极的性质是可以转化的，例如冰块是冷的，加热后可以变热水，而热水放入冰箱可以结冰变成冷的。同一范畴的两种极性，例如冷热之间是可以互相转化的，而不同范畴、描述不同属性的量表间不能互相转化。

每一个你移动体验的空间，都有一个两极之间的量表。这个量表上，根据你的思维所采用的信念，会生成一个你主观的感受，决定你体会到的是"好"或"坏"等感觉。根据你调整自己深层的信念和视角，你可以在量表上自由地移动，选择你的生命体验所要聚焦的关注点，这便是转念调频。

是的，这是一个好消息。这意味着，在你内在感受的量表上，所有所谓"坏"的、"错"的那些感觉，都能转化成极性的另外一端，变成对你而言"好"的、"对"的那一面的体验。所有你的感觉，都是相对的和个人化的。这取决于你选择了怎样的视角和观点，选择相信哪些信念，进而决定你做出了哪些当前的自我定义。这些都是可以"转化"和"移动"的，而这也就是不断觉察和修正的过程。后面我们会通过实例来让你更了解它。

持续练习转念调频，可以让我们充分地体验和辨识出二元对立的幻象，进而有机会帮助我们更好从这个世界最大的幻象——二元对立中跳脱。既然我们对事物的好坏对错的视角、观点、信念，乃至感觉，都是可以调整的，那我们当然也能调转对竞争、战争、分离等二元对立的副产品的深层信念，以朝向合一的视角，锚定在更深的和平、和谐上，从竞争迈向合作，从"二元对立"迈向"合一共生"。

NO.2
自我体验解析图

　　下面这个太极图，中间分界的曲线，就是如如不动的自己，就是本体和自性，圆满而完整，本自具足。当你没有任何的移动，就在与天地合一的状态，就一直融入那源头的海洋里。

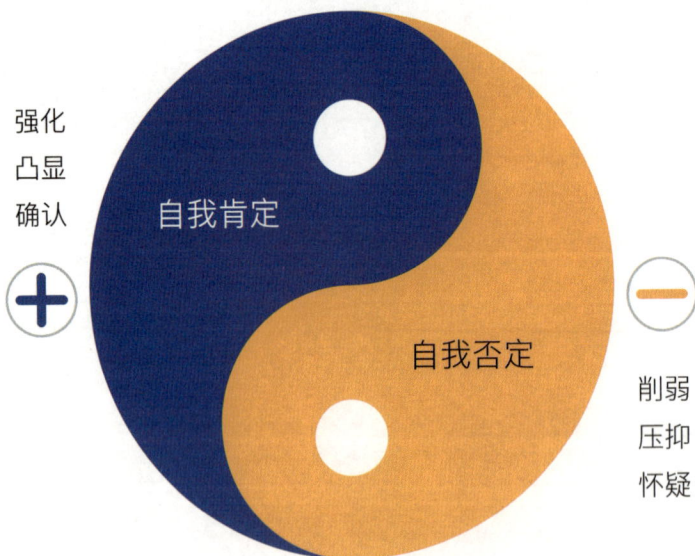

强化
凸显
确认

＋

自我肯定

自我否定

一

削弱
压抑
怀疑

唐宁-自我体验解析图

当源头的海洋想要更多地了解它自己，于是分化出一朵朵的小浪花，以不同的旅程和面向来探索它自己。而当你——这朵小浪花——开始去体验生命的不同面向，就开始了移动和探索。而当这个移动和体验的场域，通常被人们放置到自己的头脑思维中去进行，而头脑又充分地认同了自己是分离出来的那朵小浪花，而不再是海洋。于是自我通过肯定与否定、强化和削弱，在头脑思维的游戏场中，充分体验着自己。

当你开始去体验"自我肯定"这一增强自我的面向时，就会不断地去强化、凸显和反复确认自我力量的存在、重要性、价值感。这就如同皇后一样，不断地自我肯定：我是最特殊的人，我是最重要的人，我是最美丽的人。此时最容易进入的幻象便是"控制者"模式，你总想通过彰显自己的力量与权威，掌控他人，掌控一切，以证明自己的存在和价值。

而当你开始去体验"自我否定"这一减弱自我的面向时，就会不断地去削弱、压抑、怀疑自我。这就如同白雪公主的隐喻，当自己一路被追杀和迫害时，很容易会开始自我否定：我是最可怜的、最不幸的、最悲惨的。

有没有一些这样的时刻，你在怀疑自己：我不够好，我不配得，我不完整？当内心的一些所谓的阴暗面显露出来，当你正在经历人生所谓的低谷和不幸时，你开始怀疑自己的能力、天赋、才华，甚至怀疑自己的心地、道德、人品，怀疑自己的真善美，怀疑自己的自由和完整，怀疑自己圆满和光明的本性，怀疑社会的现实和命运的不公。

此时最容易跌入的幻象便是"受害者"模式，你不自觉地透过被害的情境，来体验削弱自我、打压自我的感受。

NO.3
经典的三个坑

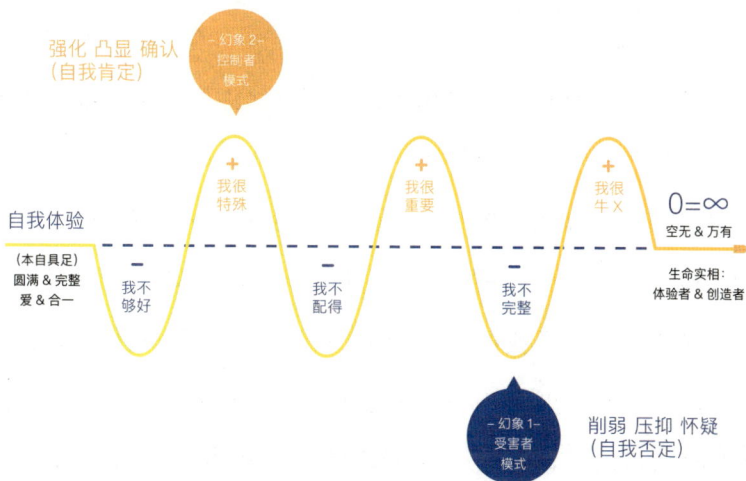

强化 凸显 确认
（自我肯定）

幻象 2
控制者
模式

+ 我很
特殊

+ 我很
重要

+ 我很
牛 X

$0=\infty$
空无 & 万有

自我体验

（本自具足）
圆满 & 完整
爱 & 合一

我不
够好

我不
配得

我不
完整

生命实相：
体验者 & 创造者

幻象 1
受害者
模式

削弱 压抑 怀疑
（自我否定）

3个坑+3个过山车
唐宁-自我体验解析图

当你开始自我否定这一面向的体验时，会有最经典的三个坑：我不够好，我不配得，我不完整。这三个坑，几乎人人都跌入过，甚至今天你还待在某一个或数个坑里没出来呢。

接下来这个故事的主人公叫 Leo，是毕业于墨尔大学的一位新同事。他刚刚入职一个半月，就同时摔入了三个坑里。有天，我看到他很不开心，情绪低落，于是便找他坐下聊聊。

"Leo，最近工作怎么样？感觉还好吗？"

"唐宁老师，你突然找我，我有点紧张，是不是我工作表现不好啊?"

"没有啊，你表现一直很好啊，我只是看到你不太开心，聊聊而已。"

"吓死我了，我以为我试用期表现不好，你要来告诉我一个不好的结果呢。"

"你想多啦，最近有没有发生什么事情啊，看你有点焦虑呢。"

"是的，这几天我一直在忙着找房子。我的父母在我很小的时候就双双过世，而且我的母亲是意外身亡。当时我接到最后的电话是母亲打来的，母亲当时和我就隔着几条街，我到现在都没有办法去回忆和面对这件事情，请原谅我没有办法和你描述具体的细节。"

Leo 深吸了一口气，继续说道:"她留下了一套房子，在增城，是单位宿舍。前几天，我接到一个通知，国家要把这套房子收回去了。我现在非常伤心，正在想办法怎么和国家抗争一下，把这个房子保下来。万一保不住（其实现在的情况看起来不乐观，能保住的可能性很小），那我就只能把房子里全部的东西都搬出来。所以我这几天正在找房子，准备租下来把东西全部搬进去保存起来。我好担心，最近一直在找房子，会影响工作的表现，你会不会不让我通过试用期啊? 其实我内心总有个担忧，总觉得像墨尔这样正能量的团队，我可能不配在这么好的团队里工作。(我不配得)"

"Leo，你为什么要选择和国家去抗争来保住房子呢？又为什么一定要租个房子来保存父母全部的遗物呢？"

"唐宁老师，你不知道，我父母在我很小的时候就都去世了。后来我学习了业力，才知道这都是因为我自己的福报不够，所以导致了父母双亡，很早就离开了我。(我不够好) 因为这些东西是我和父母之间全部的联结呀，而这套房子就是我父母留下来的唯一的根啊！如果房子保不住了，我就失去了父母的根，心里就更觉得空落落的。(我不完整)"

通过以上的谈话，我进一步地帮 Leo 去觉察他刚刚的描述中所进入的三个坑，分别是：我不够好，我不配得，我不完整。而且他正在经历的是一个很有挑战性的故事情境，一下子同时跌入了三个坑。接下来是我给出的修正方案：

"Leo，第一，你在试用期的表现很好，而且我和小伙伴们都愿意尽我们所能，给你最大的支持去学习和成长，我相信你能够胜任你的工作。(你值得拥有)

"第二，尽快把房子还给国家，从所有的遗物中，选择几样最能够让你联结到父母能量的东西，好好地保存下来。你只有尽快地把这些事情处理完毕，对不可挽回的过去，对所谓的失去，真正放手，你才能在内在腾出新的空间，让新的人事物，让新的重要关系、新的伴侣能有空间进入你的生命。

"第三，你的父母离开你，并不只是因为你的福报不够，有时候我们随所谓的业力牵引而流转，但也有一些情况是，基于为你带来灵魂的磨砺和成长的更高利益，你们一起选择了更有挑战性的情境。而且所有的情境本来就是中性的，如果这个情境令你得到更多的锻炼，更早地成熟和独立，那也是有了正向的积极意义呀。你有理由相信父母是足够爱你的，你们所共创的这个情境，一定对于你们灵魂的成长，有正向积极的那一面的意义。(你足够好)

"第四，你父母的根，从来都不会在一栋房子里面啊。你父母的根，就是你呀。你身上所流淌的生命力，就是你父母所有生命力的延续!(你是完整的) 你全力以赴尽兴地活着，以你的存在，以你的精彩，以你的绽放，以你所能活出的美好，去荣耀你的父母，去荣耀你父母生命力的延续吧!"

从 Leo 的故事中，我们可以看到，所有我们感受到的痛苦，都来自当我们开始自我否定，削弱、压抑、怀疑自己，我们从情境中经常不自觉地跌入三个经典的坑，进入了"受害者"模式。当你在负面情绪的体验中时，可以对照一下自己跌入了哪个坑，有时候是一个，有时候像 Leo 一样，连同过往的创伤、悲痛的情绪一同浮现，同时掉入了"连环坑"。

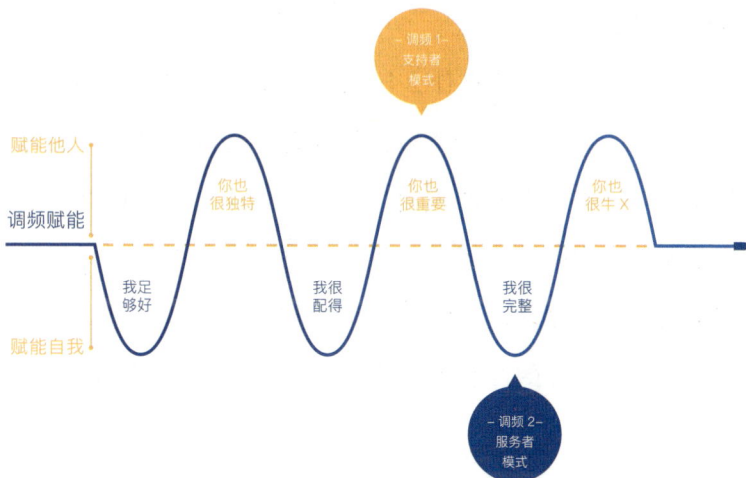

如何跳出两大模式?

唐宁-自我体验解析图

觉察:

当我们深陷"受害者"的坑里时,我们的意识关注点牢牢地锁定在"我不够好""我不配得""我不完整"这些负面的感受里,我们把能量都聚焦消耗在自我否定和批判上了,我们把能量都消耗在对已经发生的事实的抗拒和排斥上了。

这种自我拉扯和消耗的内心戏码,不是让你害怕失去,就是期盼得到;不是让你追悔过去,就是担忧未来。这个过程在头脑中制造出了大量的恐惧,令你深陷幻象,难以自拔。

通关密码：事实最大

然而，事实最大！还有什么比已经发生的事实更直接而有力的吗？每一个已然发生的事实背后，都有着各种因缘和合，有着无法计量却充分、完美且合理的理由，才得以发生。这些因缘和合，远远超出了人类的肉眼和思维所能理解和估算的范畴。如果你充分地信任宇宙的因果法则，以及它所完美运作的更大的智慧，你就会知晓，存在的即是合理的。有因，才会有果。事实，就是已经显现出来的果而已啊。

抗拒事实，就如同太阳已经下山，你却抗议说不喜欢黑夜，非要让太阳倒回来。排斥事实，就如同爸妈生下了你，却硬要把你再重新塞回娘胎里去。看看我们大多数人的生活，虽然在很多琐碎小事上的抗拒，并不像前面的例子这样显而易见，但本质却是一样的，就是对既定事实的排斥。这好比对已经生下来的孩子说："不，这是不应该的！这是不对的！这是不合理的！这是不可能的！这不是我想要的！"仿佛要把已经生下的孩子再塞回去一样。

所以我经常提醒自己，事实最大！已然发生的事实，只是需要被看见，被尊重："看，这就是事实。看，我已经发生了。看，我已然存在。"发生了的，就是最大的事实。而抗拒和排斥，意味着自我能量的消耗和减损，那才是最划不来之事。对待已然的事实，最快速的通关方法就是：觉察自己的心理和情绪，看见和观照，不断深呼吸，直到放下抗拒，放弃排斥，直到尊重事实，全然接纳，全然臣服。对事实说："是的。"然后看看，在接纳的基础上，我还能做些什么。

而接纳事实，并不是对现状毫无改变之力。它只是纯粹承认有一个事实已经发生了，却不再耗费力气在争辩事实该不该发生上，不再耗在对别人或者自己生气愤怒和抱怨上，反而在保有自己最佳能量状态的情况下，看看我的最优选项和解题路径是什么，如何更好地做出最有品质的回应、优化或推进。

修正：

在 Leo 的故事中，当觉察到自己掉入了三个坑，需要立即调整意识的关注点，从自我批判不断给自己找"问题"，聚焦到如何从中性的情境中，去看见"成长机会"，并清晰地知道：我足够好，我值得拥有一切美好和正向的体验，我是完整的。

我不需要向谁去证明什么，我本自具足。在这个事情里，基于我是圆满和完整的，我将会如何去采取正向的行动，推进这个事情往更好的方向去解决呢？

NO.4
自我肯定与自我否定

接下来，让我们一起来更深入地去分析一下。当我们的生命体验来到自我肯定这一面向时，我们会不断强化，凸显和确认自我的力量、存在与价值等。这里你会有三个最经典的过山车可以搭乘，让你体验到：Wow，我很特殊，我很重要，我很厉害！

回想一下，当你处于巅峰时刻，当你入世的拼搏奋斗，有了令世人瞩目和仰望的成就；当你成为掌握着数百人升迁加薪或调职解雇等生杀大权的领导；当你在家庭里成为年薪数百万的经济支柱；当你在机构、组织或社群中成为一呼百应的关键意见领袖；当你成为在路上能被轻易认出的明星或社会知名人士；当你在为迷茫或焦虑的亲朋好友洋洋洒洒指点迷津或高谈阔论之时……

或许眼下你身边就有正在坐过山车的人，或许此刻你就坐在飞驰呼啸着的过山车上。当你乘坐头等舱并不是因为舒适和健康的考量，而是为了体验高昂着头、微翘着下巴迎接别人艳羡的眼神时；当你挎着迪奥或香奈儿并不是因为欣赏美丽的艺术设计和精良的匠心品质，而是为了有意无意稍露出 Logo 以此获得某些身份的认同时；当你在某些时刻，不自觉想证明自己多么有实力、有身份时……

是的，那些时刻，我们都在坐着爽歪歪的过山车，自我感觉非常良好，并增强自我认知，确认自我力量的过程。对此，我们应保持觉知，看见自己的每个念头和行为的动机，并调频转念，我们可以有觉察地尽量过滤掉那些浮躁而不必要的剧情，让生命去体验更有意义和酷炫的版本。

如何去区分哪些情况是我坐着过山车，哪些是我真实的感觉良好呢？关于这点，墨尔大学联合创始人红月也分享过一个观点："凡是为了向别人去证明自己而出发的，都是向外求的。"其实这时候就是坐上了过山车，而凡是基于你内在真实的需求，是为了满足自己的需求和表达而出发的，都是在迈向正向而美好的体验。

我记得当我第一次演讲时，越想要向老师和同学们证明"我行""我可以""我是最棒的""我一定要拿下一个名次"，越是紧张得不行。后来我放下了向他人求证的出发点，调整为关注自己内在真正想分享自己生命中的精彩，分享自己生命中真实的美好，表达自己心中真正想和大家说的感受。从此焦虑和紧张不再伴随着我，对于他人的眼光和评价、结果真正地放手，有的只是真实的分享和表达。

所以我们可以去觉察自己每一个行为的出发点，是为了向他人证明什么，还是基于自己内在真实的需求而做出的移动。如果你当前的出发点的确是为了向他人证明，那么就可以立即做出修正，调整出发点，找到其中是否有满足自己内在的那些真实的渴望、天赋、才华的表达等。如此，我们便能调频到更好的心态，去开创新的体验。

NO.5
何毅与雨西的故事

在自我肯定的强化模式中，当你坐着"我很特殊，我很重要，我很厉害"的三个过山车时，所带来的最大的副产品，就是分离的幻象。你站在高高的山顶，俯瞰着山脚下那些其他的生命，你强化自我的同时也会感觉自己高于其他生命，这也把你更深地推入了分离的幻象。

还记得高高在上的皇后吗？当她坐着过山车时，她进入了"控制者"模式，她不仅要把这个国家的统治权牢牢握住，她还企图控制别人的命运，她要控制住一切的局势。为了不出现比她更美丽的女人，她甚至命令猎人对白雪公主痛下杀手。

回想我们身边有没有这样的"控制者"呢？我见过有的公司领导，给同事下达命令时，都懒得多做解释，总之就是"我说的话就是命令，你照做就对了！没有为什么"！进入"控制者"幻象的人，非常容易失去同理心和耐心，试图掌控局势，什么都要说了算，也倾向于影响、改变和决定别人的人生应该怎么过。接下来这个故事，会帮助大家更好地理解。而觉察与修正的关键，在于发觉深层的限制性信念，透过调转视角而瓦解局限着你的信念。

何毅，一家有着 500 多位职员的大企业 CEO，家中的顶梁柱。他和太太雨西，是同一所知名大学毕业的校友。雨西是校花加"学霸"，毕业后雨西家还给小两口在上海置办了一套两居室的房子。而何毅来自农村，经济条件不好，虽是年轻有为，然而在两人的亲密关系中处于下风，对雨西百般呵护并心存感激。

雨西本来在外企很受重用，怀孕后她为了孩子放弃了大好前途。孩子上小学后，她本想复出发展事业，此时先生已经是年薪 500 多万的 CEO。

"亲爱的，我原来的上司 Biliy 邀请我加入他创业的团队，担任人力资源总监。"

"创业团队？年薪多少？"

"嗯，项目刚刚开始，还没有盈利，目前只能给我在外企离职时一样的薪资。"

"哼，都过去多少年了，那点薪水顶什么用啊！上海物价都涨了多少了！我们俩在家庭中是要分工的，听我的准没错，好好在家带孩子吧！"

"做人力资源的一把手，是我当年的梦想啊。为了你，为了这个家，我已经牺牲很多了！"

"梦想不能当饭吃，也要理性地看看现实吧？现在我的收入是你当年的 15 倍，你何必要那么辛苦劳累，去打那份工呢？把孩子培养好，才是眼下最重要的事情。年底带你去南极旅游犒劳你怎么样？你不是最想看企鹅宝宝吗？"

"Biliy 说了，只要我进去做得好，可能会提升我做副总的。我不能那么早就放弃我的未来啊。而且这个项目很有前景，万一上市了，我还是创始骨干，肯定还会有股权的。"

"拜托，现在的情况是，孩子的学业需要你辅导，我回到家也希望家里一切都打理得好，我每天的工作已经够忙够累的了，常常加班加点的，孩子也见不着我。你去一个创业公司肯定少不了加班，如果孩子再见不到你，我无法想象我们家会变成什么样！如果你还在乎我，还在乎这个家，你就安心在家做好一个妻子、一个妈妈该做的事，好吗？！"

"我……"雨西竟无法再说什么，两人这次的谈话不欢而散。

○ 何毅与雨西的觉察修正

当两人在亲密关系中卡住的时候，当问题出现的时候，让我们来看看，如何运用觉察与修正去走出这个过程。这也是"控制者"模式，如何调转为"支持者"模式的过程。

首先我与何毅做了一番谈话，和他一起去觉察自己潜意识中有哪些深层信念和恐惧，我们列出以下一些：

何毅的觉察：

我很担心雨西工作后，不再以我和孩子为中心了，我们的生活品质也会随之下降。我得不到很好的家庭保障，孩子也可能会因学业没人指导而成绩下降。

何毅的修正：

我相信雨西工作后，能够兼顾好事业和家庭，我们有靠谱的阿姨，再请一个好的家教老师定期辅导孩子的作业，我也有义务和雨西一起承担家庭的责任，我们彼此分配好每周至少有一个人会早点下班回家，多陪伴孩子。

何毅的觉察：

我经过多年的奋斗，做到 CEO 的位置，从以前关系中的劣势地位，变成优势地位，她也变得很迁就我。我很担心雨西有了工作和收入后，我会失去这个家庭主导的地位，变得没有那么重要了。所以我试图影响她的决策，让她待在家里。

何毅的修正：

当我看着雨西的眼睛，回想起她大学时出类拔萃的优秀，是的，那是我当年最爱的才华横溢的雨西。我看见了，她也很独特，她也很重要，她也很厉害。我放下控制，转为支持她的梦想。我不要做她的控制者，而是支持者。我相信我对她最大的支持，也会让我们的关系更加亲密，我们因各自的成长，而能更好地支持对方。

好，现在何毅愿意为两人的关系腾出多些空间来尝试新的可能性了。于是我又找雨西，和她一起去看看有哪些可以移动的地方。

雨西的觉察：

当何毅阻挠我，给我的梦想和热情泼冷水的时候，我心里难过极了！甚至非常后悔当初为什么选择嫁给了他！现在我错过了事业的黄金期，好几年没有工作了，会不会与时代脱轨了？而且创业公司节奏很快，我要和一批"90后"一起工作，我害怕自己表现不佳，到时候又会被何毅看笑话。

雨西的修正：

当何毅愿意改变态度，支持我去尝试的时候，我感觉好极了！当初我可是"学霸"呀，学习能力也是很不错的！创业公司也意味着更好的学习和挑战自我的机会，会的我就尽力去做，不会的我就全力去学！我相信我可以全力以赴，去实现自己的梦想。

雨西的觉察：

当决定要放弃以孩子为中心时，我出现了很多的焦虑和担忧。我不知道孩子的学习能不能像自己一样优秀，如果我事业也没晋升，孩子的学业还下降了，我真的会后悔莫及。这样何毅也会对我失望透顶。

雨西的修正:

我决定放下焦虑和担忧,选择相信孩子有她成长的节奏。并且对于孩子而言,一个成熟、稳定而有力量的母亲,是她最好的榜样。我决定不再以对孩子的担心来表达对她的关心,我会尽力成为一个美好的活出自己精彩的榜样,并照顾好孩子的成长。哪怕我每天固定花 10 分钟,与孩子聊聊学校的事情,我可以更耐心和热情地倾听,并给出智慧而有趣的建议去和孩子互动。我相信给孩子高质量的陪伴,比长时间的陪伴更重要。

觉察与修正的过程,就是拨开心中的乱流,拨乱反正的过程。觉察到内心各种基于恐惧和控制的想法和信念,放手那些不再能服务于你的固有信念,给出朝着正向而美好的修正方案。何毅,从控制者,迈向了支持者。而雨西,本来差点要落入在家怨天尤人的"受害者"模式,迈向了有信心追求梦想、勇于担当的"服务者"。

尤其在亲密关系中,我们更容易不自觉地去索求更多的爱,索求更多的关注和关心,但根本上是寻求对方对我们自身存在的独特性和重要性的确认。所以只要能更多地过滤了在关系中试图寻求自己的特殊性和重要性的故事情境,并始终带着觉察去经验,去深刻地体会情绪来去的整个过程。无论这个过程是短暂抑或漫长,始终带着对自我成长的那份诚意满满而充足无比的耐心。

NO.6
继续制造问题 or 解决问题

当你进入控制者模式，经常会有这样的内心对白：

"我才是对的！按我说的做就对了。

我要证明我的地位和权力，我才是世界的中心！

如果我做出妥协，别人会怎么看我，我的面子往哪放？

如果你爱我，在乎我，你就会听我的，按照我希望的方式去做……"

是的，生命体验的重点，从来都不是真正发生了什么事，而是你"感觉到"发生了什么。

当事情或关系卡住时，当你决定不再想要继续去制造问题，而是为了积极有效地解决问题，你就会开始采取不同的行动。当那个经常感到生气焦虑，试图掌控一切的"我我我"消失时，愿意简单纯粹去解决问题的真正的"你你你"就会出现了。

放下掌控，这对于早已习惯掌控一切的人来说并不容易，尤其是对于习惯改变和改造别人的人。但是，这的确是一条更小阻力的道途，从而迈向更加顺流的人生。那就是，放下掌控，从"控制者"转换为别人最大的"支持者"。不再制造问题，而是简单纯粹并积极解决问题！

你给出什么，必然收获什么。当你给出掌控，就会收获阻抗、拒绝和反弹，严重的，换来的必然是逃离或决裂。而当你给出最大的支持，所收获的就是真诚的回应，更多的彼此毫无保留的支持将会回报你。毕竟，作用力和反作用力，就是如此完美运作的，无论你愿意不愿意。

NO.7
自我体验的隐藏模式

超哥是某编辑部的总编，绰号"十万"。他经常通宵熬夜赶稿，每每出手都是 10 万+的原创。他最爱坐 3 号过山车："我很牛！"编辑部有个新人阿菜，经常是超哥坐过山车时演对手戏的角色。

"哇，超哥你牛啊，昨晚发的那篇 30 万+了！"

"比上周那篇算慢了……我出马，必须掷地有声啊！哎，阿菜！你这篇稿子，搞什么鬼？排版太 low，你这审美都赶不上广场舞大妈。（等等，为什么大妈都躺枪了？）文字太干瘪，看了我都不兴奋！读者怎么会有感觉？！说真的，我刚入行几个月那会儿，已经比你现在老练很多了，你这上进心和积极性啊，还远远不够！"

"嗯，超哥，还是我天赋不够高啊。审美这玩意，天生的吧，原厂设置没安装啊。文字，我再找找感觉，向前辈学习。哈哈……"阿菜尴尬地接完话，内心戏已经排山倒海地上演了。本来想拍下超哥的马屁，没想到给自己挖了个坑。

阿菜在脑海中开始反省："对啊，人家超哥不到半年，已经在写头条了，我现在还在码软文和小广告，原创就更别提了，给我分配的尽是微商广告，能有什么热情啊！我肯定是入错行了，天赋，热情，一样没找到。10 万+，我看再码 3 年也憋不出来！"阿莱顿感前途一片灰暗。

隐藏模式：
当你听到别人在强化自我时，无论是各种形式的炫耀、自夸、彰显他自己的力量和权威，请不必因此而自我否定（评判，怀疑，压抑自己），而这也是羡慕嫉妒恨等情绪的根源。

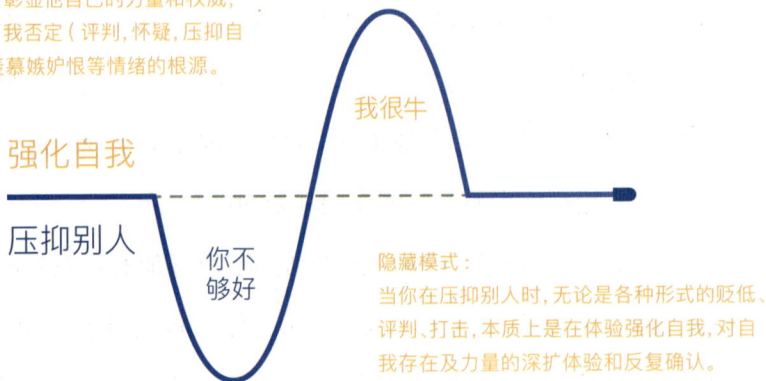

我很牛

强化自我

压抑别人

你不够好

隐藏模式：
当你在压抑别人时，无论是各种形式的贬低、评判、打击，本质上是在体验强化自我，对自我存在及力量的深扩体验和反复确认。

唐宁-自我体验解析图

而超哥看着后台的点赞和留言，感觉良好。本想对阿莱提点一下，没想到在无意识的对话里，体验了"强化自我"的过程，并让阿莱经历了一个"备受打压"的体验。

当你听到别人在强化自我时，无论是各种形式的炫耀、自夸，彰显他的力量与权威，请不必像阿莱一样开始自我否定，开始评判自己、怀疑自己、压抑自己。这不仅会让我们跌入那三个坑，其实这也是很多羡慕嫉妒恨等情绪的来源。

　　当你像超哥一样，有意或无意间，对别人无论是各种形式的贬低、评判或打击，这都是压抑别人的过程，本质上都是在体验强化自我，是对自我存在即力量的深刻体验和反复确认。

　　当你是某个领域的资深玩家，当你是某个行业的意见领袖，当你是一群人中的佼佼者，当你是家庭里的权威家长……你可能在很多场景之中，接受着大家的仰望、认可和赞美，你可能为晚辈或孩子们提着作为过来人或成功人士的建议，你可能在忘我的分享中追忆过去的荣光与威武，阔谈着未来的厉害与憧憬。此时，别忘了，守住中道，既不需要强化自我，也不需要打压别人，尤其是尊重每一个人独特的天赋和热情。

NO.8
关系之钥：放下掌控

　　我的儿子 Justin 今年 11 岁，记得入学时，爷爷奶奶告诉他："你爸妈都是常考第一的哦！你也要像他们一样出色！"我面对他略感压力的小眼神，很坚定地告诉他："你只需要知道一点，无论你考第一名或最后一名，妈妈都是一样爱你的，没有差别。最重要的是你要自己去发现学习真正的乐趣，尽兴地去'玩学习'！"

　　Justin 一直很尽兴地去"玩学习"这件事儿，而且每次他告诉我考试的结果时，自己都会先说："无论我考多少，妈妈都是一样爱我。"在这样的氛围之下，学习和阅读成了他"玩"的乐趣所在，没有压力，只有尽兴地去玩耍着学习本身。他理解的学习，就是要尽兴地去玩耍知识。

　　上小学后，我们约法三章："你上课要全力以赴听讲，眼睛死死追着老师，一字不漏那种；你得靠自己，只要课上尽全力专注了，课后自行安排，请务必玩得尽兴。"到现在，虽然我很少辅导他的学习，他却轻松连拿了 14 个学期的第一（此时我检查了一下，自己有没有坐上过山车）。重点是他对认真学习和轻松玩耍都有着同样巨大的热情。这样学习和玩耍，都是他乐意主动去投入的事情，并能尽兴地去享受其中的乐趣。

其实，对于孩子的教育，家长以什么样的状态存在着，自己活出了什么样的生命品质，是最为潜移默化的影响。如果你对孩子展现的是焦虑不安和控制的面向：以担心为名去关心他的一切；对他的未来有特定的目标和期许；把自己都没有完成的愿望和梦想，加诸孩子的肩上；我们把自己认为是最好的东西和体验，都尽量塞给他；我们认为是对的和有价值的事情，希望他也和我们一样识货识时务，于是你会经常换来孩子的焦虑、不安和抗拒。因我们所在的频率，影响着孩子也在接收这个频道里的信息，并给出同频的投射与回应。

如果你对孩子展现的是稳定喜悦和自在的面向，一切就会有所不同。孩子的自由，才是我欢乐的源泉；孩子的服从，只是家长强化自我的牺牲品。我相信孩子有专属于他的成长节奏，我允许他安住在自己的成长过程里，这就是唯一最完美的过程。当我没能看到那个如我所愿的"完美孩子"时，我后退一步，允许有更多的空间，让孩子去成长和移动。我更耐心地倾听孩子的声音，更耐心地尊重孩子的需求和表达，更耐心地接纳孩子走他成长的过程，更耐心地陪伴和引导孩子去走完他情绪来去的整个过程。我放手掌控的频率，我放下试图改变他、改造他的执着，放下对他的要求和期待，放下我认为的他该长成某个最好或最对的版本。我和孩子一起练习觉察与修正，从每个事情中，把所有的问题都修正为绝佳的成长机会。我们以彼此共同的学习和成长，来自然达成更和谐的亲子关系。

　　总结起来，我的亲子关系法则就是：

　　不掌控，不改变；不焦虑，不担忧；不预设，不限制。

　　多倾听，多耐心；多允许，多接纳；多陪伴，多成长。

NO.9
一切的发生，都是必要而完美？

步入中年，我既是孩子的家长，也是父母的孩子。即便我到了36 岁的年纪，父母依然会叮嘱或念叨一些他们所担心的事情。尤其是我的母亲，如果她念叨我"不要吃素，不然会太瘦"之类的，我就会告诉她，"娘，我有我的节奏，你着急老得快哦！娘亲，娘亲，不要用你的担心，来表达你的关心好吗₂！"

是的，当我以最美好的样貌、品质、状态存在着，这就是对这世界最美好的祝福。我安住和稳定在自己成长的道路上，以最完美的节奏来支持着世界。你会发现，父母对孩子，如果你选择要去担心的话，会有担心不完的问题。如果你选择另一种频率——依然关心着孩子，但是选择最大化地去支持他，试试看，你将能打开更和谐的亲子关系。

无论遇到的故事情境是什么，我都愿意站在更高的维度上，去看见人生旅程的原初设计，去看见这些发生和上演，在每一个人的生命体验中，都是必要而完美的过程。

什么？什么？你的意思是，难道我的孩子在学校被揍了一顿，我还不该去教训对方？我还不能去找他父母的麻烦？反而要对孩子被欺负一事忍气吞声，息事宁人吗?!

别急，且听我慢慢说来。还记得我们小时候学骑车的经历吗？为了学会骑自行车，我们摔过的那些跟头，的确没有一个是白摔的。生命中所有的发生和上演，站在人类旅程原初设计的高度来看，都有其发生的必要性，都有这个事件所能带给我们的学习、领悟、祝福和厚礼。

每一个事情的发生，哪怕是在当时被你定义为最糟糕之事，最窘迫和痛苦的情境，也一定会有礼物和彩蛋。如果当时你还没有足够的成熟度和智慧，去闯关成功和处理完毕的话，就会留下痛苦的创伤和未愈的情绪，并沉没于潜意识的深海，等待着日后有更佳的时机，寻找到再次通关的出口，寻求释放和疗愈的成长契机。

所有你内在尚未被看见，尚未得到圆满解决的问题，无一例外，一定会被新的情境再次触发。透过重复的模式，让你再一次去面对它，处理它，并最终能达成和解与消融，放下与疗愈。

所有的情境都是中性的。每一件事情的发生，如同硬币的两面，如果你看见有坏的一面，就必然有好的那一面。你的关注点聚焦去看硬币的哪一面，则是你个人的选择，你随时可以调整自己的视角和关注点。在这个二元对立的世界中，我们要从所有的事件都去看见凡事必有其积极正向的那一面。

这并不意味着，你逆来顺受，对命运无能为力。反而是在接纳所有事情都有正向意义的基础上，尽你所能地去积极移动，做出符合当前最佳利益的有效修正。

例如你掉进了一个大坑里，你不再把时间、精力和能量，耗费于守在坑底，骂上它几个月，逢人路过便向他哭诉，我多么倒霉，谁干的坏事挖了这么大的坑！我太可怜了，我多么不幸！而是尽快接纳这个情况，不带情绪和评判，把关注点放在为什么我会掉进这个坑里，这个事情对我而言，有哪些启发，有哪些积极正向的意义。或许它提示我应该更带着觉知和专注去行走，或许它让我摔坑后得到几天对身体更充分的休息和照护，或许它让我避免了前方一场更大的车祸……

你永远不会知道，在更高的维度上，在这一刻，你得到更多，还是失去更多？但我知道，因果法则会自动完美地运作，只要从每件事情中，都积极地朝向最美好正向的剧情去发展，能量的振动频率只会越来越高，下一刻，只会有符合你更高振动的结果进入你的生命体验中。

NO.10
唯一重要的，就是对你成长真正有益之事

从普世的成功定义来看，当张国荣的电影与音乐都达到巅峰之时，世人都向他投来了艳羡的目光。这一刻，我们以为的成功，可能在他而言是沉重的压力和抑郁。下一刻，他便选择了纵身一跃告别世界。这一刻，我们以为的悲剧和唏嘘，对他而言，或许是无奈的逃避与解脱，或许在更高的层次，有他转入下一段体验旅程的其他意义。

什么是成功，什么是失败？什么是对，什么是错？站在线性时间的长河中，你如何能以这一刻的静止，来宣判和定义好坏对错？

我们都不是张国荣，只有他自己，作为一个鲜活的体验着一切体验的生命，在更高的维度上，设计了此生的生命蓝图和人生旅程的他自己，才能知晓每一个时刻的经历，对他的生命成长而言，意味着什么，以及会带来怎样的价值和领悟。

生命从来都不会静止，而是永恒的自由流动。每一个生命，都有一个更高维版本的本体，或一种更高的宇宙的智性，在清晰地引领着个体生命之船的航向。只有当你切断或长期忽略了来自直觉的

信号，才会致使导航仪失效，以至渐渐迷失了方向。

小宇被"炒鱿鱼"了……

有一天，叔叔家的儿子小宇，突然被"炒鱿鱼"了。

天啊，一下子全家感觉天都要塌下来了。小宇妈觉得又气又丢脸，心绞痛住院了，她不停地埋怨小宇，肯定是因为组了乐队，工作心不在焉，表现不好才让上司失望了。小宇爸气得也顾不上动之以情晓之以理的套路了，只能板着脸，冷冷地把小宇训斥了一顿。

这下好了，小宇自尊心受到了很大的打击，把自己关在了家里，门也不出了。天天闲得慌，还好有音乐相伴。在家闷了一段时间，想着不工作也不太好意思，晚上开始去咖啡厅兼职表演。

没想到数月后，小宇写的歌被音乐人相中，走上了更符合他内心真正梦想的音乐道路。

回看被"炒鱿鱼"那一刻，全家感觉到，最糟糕的事情，也莫过于此了。

但当小宇朝向他天赋和热情的所在，朝向实现音乐的梦想迈进一大步的那一刻，我们才会明白，"炒鱿鱼"这件事情，为他的生命所带来的成长机会，已经有可能会把他推向一个更靠近和符合他内在振动和梦想的方向。

除非你选择带着对生命之流的不信任，把能量消耗在对已经发生之事的奋力阻抗上，把你的焦点放在负面的视角上，选择去倾听并放大头脑中小我的声音"你不够好"等等。只有这些，才会把你推向偏离你核心振动，背离你最佳利益的方向。当然，从更高的视角上来说，你永远不会背离个人的最佳利益。已然发生的既定事实，永远都会符合你的最佳利益。但在每一刻，你仍可以在有意识的临在和觉知中，做出更清晰而有效益的行动，甚至能兼顾符合整体的最佳利益。

牢牢地锚定在无限之线，锚定在中道。学会信任生命之流，并随之默契共舞。情境永远是中性的。已经发生的事情，是好是坏，由你对这个事情的互动和回应策略来重新定义和赋予它真正的含义。如果你再搭上了你的能量消耗，相对而言，那才是进入了更糟糕的情境。

信念与视角

我们的信念取决于过往的经验与普世的教条，这些变成了我们做选择时潜意识中的大数据，一方面保护着我们的稳定和安全，另一方面却也限制了我们的无限创造力。

当你独自一人在电梯里，进来了一位脸上有刀疤的男人，你潜意识的大数据会倾向于判定他是个坏人，或许他还混过黑社会，如果你是女生不禁会开始紧张起来。但实际上，他也有可能是去劝架刚好被误伤，或刮胡子时不小心划了自己一下。

信念是在潜意识里自动会被调取和运作的，如同刀疤脸＝坏人，这是一个信念。但直觉却是另外一件事情，你看到刀疤脸，依然可以运用直觉力去感受他的心是否善良正直，如果能够聊上几句，就更能清晰地感受到他是一个怎样特质的人。

当你一直觉得我们要辛辛苦苦地努力去赚钱，其实是因为你内心有一个信念："钱是要很辛苦才会赚来的。"那么你的确会经历与你的信念所匹配的现实：你真的辛辛苦苦，起早贪黑，费尽唇舌，杀价砍价……

仅仅是通过改变你对钱的视角，就能建立起新的信念。随着你的视角改变，信念随之改变，你所体验到的相应的现实，也会发生翻天覆地的变化。

你可能会体验到金钱来得更加轻而易举，可能会优化自己的服务和产品去匹配更强大的金钱能量，可能会更加珍视金钱的能量，并让它流动和运用得更有价值和意义，让它更好地服务于你真正的需求而不是欲望。

觉察那些深层的信念，破除和放手那些已经不再适用于你的限制性信念，并以更积极而宽广的视角，修正为能够更加拓展而有效服务于你的积极信念。虽然就真相而言，最终没有一个信念是真实的，无论是限制性的信念，还是所谓的积极信念。但是就仍然要在世间有所"作为"而言，而且对于大多数人更具有实操性和进步来说，这是一个循序渐进的好方法。

　　要对限制性信念进行觉察与修正，你的视角就变得相当关键。你的视角可以无穷小，小到以纯粹的体验本身为思考单位。你的视角可以无穷大，大到以无限的宇宙时空为思考单位。什么是成功？什么是失败？什么是对？什么是错？当你以更全局更完整的视角去看，唯一重要的事情就是，始终把焦点移动到对你成长真正有益的事情上。

NO.11
匮乏幻觉 vs 富足本质

接下来，让我们来探讨匮乏与富足，一起来认真地"谈钱"，了解自己关于金钱的思维吧。

此生我们每一个人，来的时候一毛钱都不带来，走的时候一分钱也不带走。钱的本质，其实是我们生活的工具，交易的媒介，钱是拿来用的。但很多人都把钱当成"认证用的"，钱被错误地使用为身份和地位的象征。钱从服务于自身的体验需求，变成了向他人证明我们的身份与地位。

钱，同时被视为富足的象征物。而且人们往往忘记了，金钱，只是富足的其中一种象征物。当你只关注这一种"富足的象征物"，你就已经关闭了其他富足形式的大门。

比方说，你希望孩子上某个重点小学。你可能通过付 10 万元赞助费进去，可能通过买一套 100 万元的学区房获得学位，也可能认识一个人脉资源，刚好帮你达成了这个目标，却没有花什么钱。

所以当我们脑袋里只盯着用钱来达成你希望看到的结果时，创造的路径是有限的。当你愿意敞开，去看到任何可能的路径时，一切富足的形式都可以进入你的生命。因为富足只是你需要做到的时候，就能做到的能力而已。

钱是与你的服务价值和体验需求相匹配的能量

"钱是我在地球去完成一切我想要体验的项目的游戏币。"

"钱可以轻松而丰盛地到来。"

"运用钱的时候，它值得被充分地尊重、感谢与珍惜。"

"我运用钱来支持那些美好的人事物，并让一切在流动中交互创造。"

......

小时候我的父亲是家中的经济支柱，他负责赚钱给全家人花。而我没有直接赚钱，却能够买到我想要的衣服和随身听。妈妈也没有直接赚钱，她负责照顾好全家人的生活及采买一切生活所需，父亲会直接给她每个月的生活开销和孩子们的学费。

对父亲来说，他以他的服务价值来获得相应金钱能量的回报。这也就是我们常说的按劳分配，多劳多得。但是金钱的能量运作不仅仅是这么简单。这里面还有一个同等重要的变量，就是体验需求（按需分配），吸引力法则其实也是运用了"聚焦和放大体验需求"以增强意念的吸引力的原理。这也往往是大多数人忽略的变量，而且也没有主动去运用好体验需求这个创造的能量，并让它与服务价值协同运作，去创造更多的丰盛与繁荣。就金钱能量而言，按劳分配和按需分配，两者都会发挥作用。

　　什么是体验需求呢？大家都知道占世界人口不到 0.3% 的犹太人，却掌握了世界上很大一部分的财富。美国有位凯瑟琳博士，她告诉我一个道理，例如你手上拿着一个苹果，对面有人拿着几个硬币，他用硬币来交换你的苹果。所有的商业都是基于双方需求的交换而出发的，商业的本质是交换（交易），而交换的前提是需求，只有当你们双方都有交换的意愿（需求），这个交易才会得以发生。如果你就想自己吃掉这个苹果，或者他想要换的是香蕉，那么这个交换就不会发生。

　　金钱能量的流动，一定是基于体验需求的召唤，这个召唤就是最初那一点点的驱动力。这个驱动力经常也包含着你的欲望，你想吃美食的欲望，你想拥有一辆奔驰车的欲望，你想要有一个名牌包的欲望。但无论你的欲望是什么，伴随而来的是你的体验，你吃着美食大餐的体验过程，你开着奔驰车的体验过程，你背着名牌包出席聚会的体验过程。

　　所以欲望也是中性的，除了经常被失控的小我要得团团转以外。欲望，既反应本能的需求和身体的需要，也能服务于我们真正想要经历的体验。只不过很多人陷入了对体验的所需之物的追求（通常还伴随着小我的喧嚣声），而忽略了体验本身。而且大部分人通常在物质方面的欲望，是顺便喂养了别人的目光，而不是真正服务于自己的体验需求。比如你很想吃这个香甜的苹果，照顾好自己的身体，那么这种吃的欲望就服务于你自己，以及你的体验需求。你可以在最美的落日之下，听着一首醉人的爵士音乐，美滋滋地啃完这个苹果，这就是你经历的一个体验。

如果你有买一辆奔驰车的欲望，你可以用这个车子来向别人炫耀你的富有，你也可以享受驾驶它的乐趣，你也可以享受带家人一同出游的喜悦，你也可以简单地使用它成为代步工具。

以上都是你的体验需求，你可以决定侧重去体验哪一种。当你使用这个车子，是为了更好地服务于你的生活，而不是向他人证明自己，那么你的体验需求就会越来越简单纯粹，越能聚焦于提升生活及生命的品质，而不是去做永无止境的证明题。

结果之后的结果

大家都看过《吸引力法则》一类的书籍，如果你的意愿非常强烈，甚至是清晰的观想未来实现的画面就在此刻已经实现，那么就真切地去感受你已经拥有的感觉。但是这个靠强烈的吸引力和意念法则的创造，所显化的结果，并不是最终的结果。就像《原则》一书提到的观点，结果之后，还有结果。比如，你今天吃了一顿海鲜自助餐，感到非常开心，这是一个结果；然后你又因为肠胃炎进了医院，甚至住院请假被扣了两天的工资，而这又是"结果之后，还有结果"。

　　创造总是以钟摆的法则在运作，左右摆动并自动平衡。这是因为我们所处的物质宇宙，有线性的时间，你做完了一件事情，所有结果并不会一次过全部显现，对所有不同层面的影响也不会全部显化。就像你已经吃完了一顿海鲜自助餐，却可能有今晚感到很满足开心、半夜突发肠胃炎、请假住院两天等连锁结果。你吃海鲜大餐这件事情，在心情层面上，感觉可能好极了；在身体层面上，肠胃却受不了这么多冰冷的食物，体重也可能飙升，尿酸也可能飙升，在各个层面上都产生了不同的影响（**结果**）。

　　再看回我父亲的例子，实际上，他能赚多少钱，不仅取决于他的服务价值，还有全家人的体验需求。体验需求越强烈，想获得更多金钱的意愿度也越高，动力越强。例如，他决定要给全家换一套大别墅，他明确了这个体验需求，非常非常地强烈，一定要在一年内实现这个目标。

　　A. 他运用吸引力法则，清晰观想大别墅。或者他不知道什么是吸引力法则，但他确实很想很想，有足够强烈的意愿和渴望。然后他去澳门赚到了快钱，股市也突然大涨赚了不少，他顺利买到了大别墅。但这个结果之后还有结果，就是如果这个体验需求，与你为世界所提供的服务价值不匹配的话，你还会经历一些其他的体验，比如可能会从其他地方很快地失去一些金钱，的确没有为这个世界创造新的服务价值的那些金钱，往往来得快去得快。因为金钱本身就是一种能量，我们用心投入和细细耕耘而获得的回报，这种获得的金钱的能量是更厚实而沉重的。金钱能量也有其意识和品质，如果你灌注了更多更好的品质而获得的金钱，使用起来的质量会更高，你们会更加惺惺相惜。

假如你身在游戏世界，当你开始游戏，就已经默认按照里面的游戏规则走了。你需要在游戏中"做点什么"指定的那些动作，比如撞开某块砖，救了同伴，吃到某个彩蛋，然后相应地获得什么。你需要为地球上其他的游戏玩家也创造些新价值，提供些服务。所有的地球玩家，都提供了产品和服务，而钱作为游戏币，就是作为相互交换的一个媒介，它服务于你要在地球体验的项目，也同时为其他人提供着服务以便让他们得以体验。

B. 他很想很想买一套大别墅，但是过了一段时间以后，他又开始质疑自己的能力："你是不可能做到的！""天上哪里会掉馅饼啊！""大别墅岂是那么容易想买就买啊！"又或者是动摇了这个坚定的意志："算了，明年再买也不迟啊！"，"等市场更景气些，到时候再多赚点好了！"我们经常被限制性的信念所左右，经常自己都怀疑自己办不到，或不配得。那么作为这个创造的主体，他自己的体验需求也随之削弱和动摇。指向不清晰，那么愿景也很难去实现。

C. 他从事业上升级产品，优化服务，创造更大的服务价值，从而获得更丰厚的回报，顺利买到大别墅。此时他的服务价值匹配了体验需求，金钱能量流动顺畅而平衡。

最理想的状态就是服务价值，与体验需求相匹配。那么金钱能量的流动非常的顺畅和平衡。一方面，你为世界创造着好的服务价值。一方面，你也舍得大方地给出美好的体验，满足自己的体验需求，支持你希望支持的他人的体验需要，比如给家人买更好的房子，创造更好的生活体验等等。

预先感谢

我们关于金钱的富足程度，取决于我们背后的思维是出于匮乏，还是出于富足。我们常常抱怨生活是匮乏的：时间不够多，食物不够多，金钱不够多，机会不够多，智慧不够多，爱不够多。然而当我们在抱怨匮乏的时候，我们都能发现，我们拥有"那么多"的匮乏。

所以真相就是，我们不可能拥有"匮乏"的富足，然而我们却能拥有"富足"的匮乏。因为连我们所抱怨的匮乏，都是如此的"多"，如此的"富足"。这是如此幽默的一个印证，这说明，匮乏是一个幻觉，而富足才是我们存在的本质。匮乏的幻觉，是用来经验你的富足的。匮乏是一种福祉，借助匮乏，你才能认识和经验你真实和完全的富足。

这个世界，只是你关于生活的思维和定义的结果。这个世界，只是不断地在回应你的思维背后的诱发思维。一切的回应都关于：

你是谁，你所相信的"你值得拥有什么"。

当你开始学习去信任，信任你的生活正在向你展现的，信任你会被照顾得好好的，信任每个人早已是圆满富足的。用富足的思维去迎接每一天的体验，让任何你的生活所需在对的时刻准确无误地进入你的生命。

以下这个感恩丰盛的练习，帮助你从匮乏的幻觉中保持觉知，更好地活出你富足的本质。你可以连续做超过21天，在每天睡前完成。这是一个预先感谢的练习，这是一个肯定和确认富足本质的练习，会为你的生活带来更多丰盛的体验。

感恩丰盛·21天睡前练习

①去感恩与激赏今天所有支持、帮助和服务于你的人事物。去真诚而喜悦地感恩，去毫不保留地激赏，让自己完全沉浸在这种幸福、兴奋的感恩中。

②用这句肯定句结尾："所有我需要的金钱，此刻正降临于我。"

去持有你本自具足的无比确定的力量，去迎接更多的美好与丰盛！

匮乏的思维是去"抱怨没有"，去限制的定义自己不值得、不够好。富足的思维是去"预先感谢"，去感恩一切你已经拥有的东西，去承认自己是富足的。所以我们应牢牢地把焦点放在感恩已经有的，而不是抱怨没有的。

　　如果你拥有一切，却不知道自己拥有一切，那么你等于一无所有。

　　当你真的"知道"，你真的拥有"一切"，你才真的拥有"无畏"。

第三章

愿景实现方程式

"全息的智慧，
是预见事物的长期因果关系，
预见人物的连锁交互反应，
并洞悉利益整体的最优策略。"

NO.1
接受一切，选择美好

"接受一切，选择美好。"

——与神对话

生命体验的真相就是，破除受害者与控制者的幻象，从二元对立中觉醒，归于中间那如如不动的实相。上图（见第 46 页）中间的那条直线，便是生命实相的所在。实际上连这条线都不存在，但在这里能帮助大家理解和看穿幻象，回归真相。当你不再坐着你的三个过山车，当你不再掉入那三个坑时，你就回到了中道，回到了临在，回到了圆满与完整，回到了爱与合一的真相，回到了本自具足。

是的，这条线就是心的居所。当你不在过山车和坑里，你就不在头脑的幻象里，你就回到了从心而活，心中了无恐惧，一切都笃定而清晰。心中没有分离，你和所有的生命都在宇宙间同呼吸，共命运，我们是彼此互动和共生的生命共同体，我们是彼此联结和交织的生命互联网。此刻，你感受到了万物一体，我们从彼此的心中，仿佛架起了一座座彩虹桥，我们从心中可以联结所有生命那美好而共振着的心灵。

是的，这条线，就是空性的所在。当你能看见自己所处的幻象，就能清晰地看见小我的把戏，保持觉知，不再试图去控制或感觉到受害，你才能重新归于内在的和谐、自在、喜悦和宁静。它是一种无为的感受，你不再需要用力地向外在和他人证明什么，也不再需要用力地去掌控生活，改变他人，更不再需要用力地演绎受苦的情节，并向别人和未来寻求救赎。

你回归到生命的实相，那便是：你从来都不是"控制者"和"受害者"，而是生命的"体验者"和"协同创造者"。你为了体验生命本身的壮丽辉煌而来，你为了体验人类旅程的精妙奇趣而来！你与伟大的自然和宇宙共同创造，你以自己独特的经验丰富了源头和存在的不同面向及可能性。

之所以是生命的"协同创造者"，而不是"创造者"，在于我们与创造源头虽是无二无别的，而个体的自由意志必须联合整体的意志，以及生命互联网中的每一个个体的意志，还有各种因缘和合的因素，一起去协同共创的。

是的，这条线，我称之为"无限"的所在。当你聚焦到体验的当下，当你把注意力带回到此时此地，你就在临在里，你就在无限之中。无限之线，它因简单纯粹而空无，它因圆满完整而万有。它同时既是空无，也是万有。

在这里，一直呼呼转个不停的头脑思维才能得以停歇。即便有念头的涌起落下，却念念都在你的觉知意识观照之下。古往今来，无论是东西方的各种禅修还是身心灵教学体系，都共同注重发展的就是觉知的意识。觉知意识是头脑思维的观察者。觉知自己的意识，就是超越思维的无意识之上的有意识。可是大多数人只运用了大脑思维，却不懂得运用觉知意识这一更大的力量。

举例，当我想要去演讲分享，如果我想试图证明"我很厉害"，我就会想控制事情的结果，会很在乎人们的评价，会很关注演讲后社群的反馈如何，微博上的留言大家怎么说。如果这次我还在演讲中推荐了墨尔大学 2018 年的 33 场大课有多好，你看我们邀请了 54 位国际最好的智慧导师，全年的学习才 777 元多超值呀！那我就会超级关注，会后到底现场报读墨尔大学的人有多少啊？我要怎么说才能最有说服力和吸引力？这时，我就会很容易进入"控制者"模式，对事情的结果有预期并试图掌控。

但如果我从生命的实相出发，我只是一个最简单而纯粹的分享者，我分享的是此刻自己内心最真实而美好的感受，那些我最乐意来分享给大家，并最有可能会为你我他所有人的最佳利益和成长福祉带来启发和收获的那些我生命中最珍贵的祝福和礼物。我是如此享受着分享的过程，并与大家共创一段美好的体验。

　　其实，生命于我而言，本来就是因简单和纯粹，而变得越发真实和美好的过程。当我们做所有事情的起心动念越发归零，即越不需要去考虑向他人证明，而是简单纯粹地从表达自己内在的美好品质出发；越不执着于事情的结果，而是关注在过程中你是否全然地去享受创造本身的乐趣，放手结果并全力以赴，你就开启了无限赋能的心流创造。

NO.2
愿景实现方程式

愿景实现方程式＝正向意图×打磨品质×放手结果

我的人生实践过程，其实就是一个不断赋能的成长过程。所谓的成功与成就，不过是把每一件事情的品质都打磨到位，最终呈现了与这个品质相应的效益和结果。成功是成长的必然结果，成长比成功更为重要。不断成长就是无限赋能的过程，也是愿景实现的过程。

我总结出自己成长的愿景实现方程式，在所有的创造上，屡试不爽，往往都能把一个个美好的愿景顺畅达成，并备受祝福与助力。

$$愿景实现方程式＝正向意图×打磨品质×放手结果$$
$$(0—100)\ (0—100)\ (0—\infty)$$

正向意图

正向意图，如同太阳，要高高地升起，

它自然会照见真心、正义、无畏和同情。

（后半句出自电影《无问西东》）

　　进入无限赋能的创造状态，把愿景落地实现，首先要有正向意图。意图是所有创造的起心动念，它为你一切的所造之物，注入了动机和意志力，确立了事件最终的目的地。如果你发送出的是一个负向的意图，就如同发送出能量形式的刀枪剑。所有负向的意图，一旦采取了相应的行动，必然会有人受到伤害，包括自己和他人。即便没有采取行动，念头本身就有力量，仅仅是想想而已，已经足以拉扯和消耗能量。

　　真正的赋能，就是能量受到滋养和提升。保持正向的意图，是提升正能量的第一步。在做每一件事情之前，都先拷问一下，自己的起心动念是什么？是否已经充分清晰了意图？你为了什么而做这件事，对你而言，非做不可的必要性是什么，意义又何在？

　　正向意图不仅指的是与宇宙众生的最佳利益相一致。因为你也是宇宙的一部分，你也是人类的一分子，正向意图还包括了与你内心真正的兴奋与喜悦的校准，正向意图也包括了与你自身的天赋，此生的生命蓝图的校准。

　　一个与你自身天赋能量相悖的创造意图，一个违背了你内心真正的声音的意图，必然无法为你带来高度的兴奋和喜悦，必然无法为你带来真正的成长与福祉。一个能真正表达你灵魂深处的振动、创造的渴望、天赋的才能的意图，才能为你带来100%燃烧的创造。是的，创造就要"尽兴"啊！因你所做的就是你最擅长和热爱之事，也才能真的为大众和世界的最佳利益而服务。

如果你最热爱和最具天赋的事情是音乐，而你做出发自内心的美好音乐，能够服务于这个世界带来心灵的启迪和滋养，而你现在却在一家餐厅做菜，即便你做菜也能够为这家餐厅的客人带来美食的体验，但是你提供做菜服务的意图，却依然不及你服务于音乐创造的意图来得更为正向。

因为正向意图的含义，就是对于整体而言，这个意图是积极美好而有正向意义的。整体既包括了地球，所有的生命，重点是也包括了你自己。所以我们有100%的义务，为了自己及整体的福祉，全然地去爱自己，全然地去支持自己。我们也尽自己所能地，去爱身边的人，并为他们提供最大程度的支持。

是的，保持正向意图，从这一刻起，我不再为任何生命制造他们所抗拒的不适体验。保持正向意图，以更宽广的正义和仁慈，从竞争意识迈向合作意识，回到更广义的创造自由与丰盛，为世间所有的创造而祝福、随喜、赞叹，并尽你所能地给予支持。

保持正向意图，还要觉察你的意图是否基于过多的欲望或不足的匮乏。有时我们发出了一个意图，但往往它承载的却是你的欲望而不是服务的真实需求。当你发出一个意图"我要把陶瓷做到世界第一"，你要去区别的是"世界第一"这个意图，仅仅是因为欲望，还是像稻盛和夫一样，既结合他100%的热情和技能，也付出与这个意图相匹配的行动，去打磨好匹配得起"世界第一"品质的产品？当他做第二家世界 500 强 KDDI 公司时，他反复拷问了自己半年的时间，"我是不是为了能降低人民的话费而要去做这件事"。

2010 年，日本最大的航空公司日航破产，78 岁的稻盛和夫临危受命接手日航管理。仅 1 年之后，日航获得重生并创造 60 年历史上最高的利润记录。曾 65 岁出家而后还俗的稻盛，他所关注的是基于自己过多的欲望，还是服务的真实需求？答案是显而易见的。

我们往往发出一个创造意图的同时，自己内在就已经不太敢相信它会成真，我们有各种限制觉得天大的幸运好事，还有不可思议的结果，是很难降临到自己身上。每当我不敢去尝试的时候，我就问自己：如果在地球上，只要有一个人有可能去达成这件事，那我就有 100% 的可能性去尝试挑战，并全力以赴地去尽力达成。

很多人以为意图是指初心，其实意图既是初心，也是结果。事有终始，也有因果。跳开线性时间的限制，其实因果是同步发生的。你种下一颗苹果籽，必然长成的是苹果树，结出的一定是苹果，而不是结出橙子或西瓜。这就是因果的同步性和必然性。所以当我们发送出一个意图的时候，既要明确我们行动的初心（种下的是苹果籽），也要清晰地看见你希望达成的愿景和结果（收获的是又大又甜的红苹果，当然，你要青苹果也行）。

打磨品质

那是不是只要种下苹果籽，就一定能收成苹果呢？你会发现，有清晰明确而同步的因果还不够，必须有精准有效的过程管理。你如何管理好苹果树成长的整个过程，你需要细致地观察和打理果树，定期浇水、施肥、修剪、避免虫害等。如果你要种出最顶尖的苹果，还需要种在日照最足的地方，有最肥沃的土壤，并使用有机肥，还要全程带着充满爱意的意识。

泰戈尔1924年在清华大学演讲中说："你们的使命是在拿天堂给人间，拿灵魂来给一切的事物"，"这是你们的责任，你们应得在这个方向里尽你们的贡献。"

最走心的创造法则：把当下的每一件事情，做出美好而精粹的品质。

这就是我们在创造时，如何去打磨好品质的过程管理。在创造的过程中，我愿意选择最好。走心创造就是全力以赴做快乐且有意义的事。选择对自己而言有趣且有意义的热爱之事，聚焦在当下这一刻，专注于当下这一事，真正地全力以赴，那就是无穷大的创造力开挂的奥秘。

回到刚才这个最热爱音乐，却还在餐厅做菜的情境中，或许你会有这样的困惑，如果我现在做的工作并不是我最最兴奋和喜悦之事，我甚至也还没发现我最擅长的天赋才能在哪里，此时我要如何说服自己去全情投入，打磨好品质呢？

就像我最初以第一志愿报考中山大学哲学系，是因为隐约中渴望了解生命的真相。后来我才知道自己最最热爱的事情是探索智慧和生命教育，但是 14 年前的我对此却一无所知。大学毕业时，因为家中有四个孩子压力不小，看着父母经营着 15 家凉茶铺，面对日益激烈的市场竞争有些力不从心，互联网浪潮又刚刚兴起，我便放弃了国企的工作，回家协助父亲。

大年三十，睡在甘蔗车上送货。站在广州北京路的街边，叫卖两元一杯的凉茶。从公司的前台做起，也兼顾各种跑腿打杂，还自学绘图设计。我们首次把凉茶铺开到了省外，也迅速在全国开花，但那时我并不知道，学哲学的我为什么会很认真地在卖凉茶。

后来又开创了新的茶饮品牌 8090 和澜亭里，我和先生带着团队，十年时间从 15 家店做到了 2300 家，但那时我并不知道，学哲学的我为什么又很认真地在卖奶茶。

直到 2014 年，我去了一趟西藏，见过了最纯美素净的蓝天白云，最质朴无求的藏民，最简单纯粹的精神力量，在那里开始放空自己，也开始思考生命的意义和价值。我非常向往这种与天地自然更为联结一体的生活，在回广州的路上，想到我那 6 岁的孩子和家人的脸庞，想到我们每个人每天平均要吃进的 80 多种化学添加剂，我就在想：为什么中国没有一家 100% 无化学添加剂的电商平台？

没想到第二天，有位茶饮供应商刚好来看我们。一聊起这个电商平台，我就在手机屏幕上打出了"美康辰"三个字，当时只有一个想法，做无添加。没想到他就立即决定要投资加入这个事情。那时只有三个字而已，连 PPT 介绍都还没有。后来他告诉我，正是因为我在做茶饮的过程中，他看着我们这家一开始很不起眼的小公司，在后来那几年里成长为华南地区最红火的茶饮品牌，他所投资的原料厂和设备工厂，我们是订单量最大的客户。就冲这个业绩说话，他只投人，所以就毫不犹豫地成为美康辰的董事。

又过了几天，我做好了 PPT，就去请教当时一起练瑜伽的中大师姐李佩瑶，她管理经验丰富，曾经担任京瓷的华南区总经理，三星商业显示产品的中国区副总。没想到听完我的介绍，她对这个开创性的事情非常有热情，也很想做些很有意义的事情。很快，她便成为美康辰的联合创始人和总经理。后来我们在有机、无添加、蔬食三个细分领域，都获得了很大的发展，赢得了大家的喜爱，提升了人们的生活质量，更有力促进了这几个产业的发展。

有一次美康辰为一个辟谷营提供酵素、调理机等健康产品，我也参加了这期辟谷，就这样认识了陶虹姐。那时开始素食又注重健康生活的陶虹姐，也成了我们的用户。后来我创办了易新书院，引进了多位智慧导师的课程，我们有了成长和学习的交集。我也给她分享用社会力量解决社会问题的公益活动——"守护大地"，她也很认可并分享在朋友圈号召身边的朋友一起关注。但那时我还是不知道，学哲学的我为什么很认真地做着电商。

直到后来有了墨尔大学，我才知道，如果没有前面100%全力以赴卖茶的经历，就不会有后来美康辰的另两位董事的果断加入；如果没有100%全力以赴做电商的经验积累，就没有后来墨尔大学App运营在两个月内就立即推出的高效率；如果没有100%全力以赴做好易新书院和"守护大地"，就没有后来陶虹姐的认可而成为墨尔的联合创始人。

而最重要的是，一切经历都完美地串起来了，环环相扣。没有一件事情是多余的，没有一件事情是不需要发生的。

虽然你当下的事情不见得是你最热爱之事，但它此刻出现，就代表它依然是"对"的事。它是通往你热爱之事的"道路"，它是打开下一道门的"敲门砖"。全力以赴认真去做，积累自己的储备，提升内在的品质，你将获得更多选择的可能性，不仅邀请卓越伙伴的共创会更顺利，也会获得更多合作机会的邀约。机会变多，选择变多，锻炼和成长也变多。100%全力以赴认真打磨好每一件事情的品质，跟随内心声音的指引，最终你会迈向灵魂深处真正渴望之事，并能以更高的成熟度去胜任与服务。

当你去做你发自内心渴望之事时，全宇宙都会来帮你！当你100%地燃烧自己，把自己100%丢进和融入到那条创造的河流中，尽兴地创造，尽兴地打磨出美好品质的作品，尽兴地把真实的自己活出来；当你以打磨和呈现的作品，来表达自己内在的品质，并以此向整个世界分享着你自己，为世界提供着专属于你特质印记的服务——是的，全宇宙都会来帮你！

放手结果

2005 年我放弃了月薪 8000 元的工作，选择了回家帮助父亲的事业。正当我满怀激情准备大干一场的时候，母亲却找我谈了一次话。母亲说："孩子，我们潮汕家庭一向传男不传女啊！你回来爸妈是付你 3000 元薪水的，千万要摆正心态，对于未来的股权不要有非分之想，将来才不会怪爸妈好吗？虽然我们非常爱你，但这 15 家店还是只能传给两个弟弟的，你要有心理准备。"

虽然对于父母依照重男轻女的历来传统而做出的决定不能完全认同，但当时我还是很痛快地回复了母亲："好的，我会全力以赴地做好所有的事情。你们怎么想是你们的事情，而我怎么做是我的事情。我只负责做好我该做的事情。结果怎么样，就交给老天好啦！无论什么结果，我都是一样开心地接受，请你们放宽心。"

一年后，我们把连锁店发展到 100 多家，爸妈再次找我谈话："生男生女都一样啊！原来只有 15 家店，分给两个弟弟也是一个人 7 家半，看来还是要你们四姐弟通力发展更好啊！"

再到后来，我们做到了 2300 家，爸妈也丝毫不再纠结于门店继

承的问题了，他们第三次找我谈话："谁有能力谁带领吧！"但是我
和先生花了几年时间，把毕业后的弟弟妹妹全部培养出来，把原来
的业务拆分成三块，依据他们各自的特长，每人主理一块，并引入
有能力的高管团队配合协作。有了他们的得力接手，我便无后顾之
忧地展开了后面我所更为热爱的创造。爸妈非常欣慰，我们四姐弟
都能发挥各自的所长，并和谐共创，相互支持。弟弟妹妹们如今也
都独当一面，奋力成长。这都源自当初我对某一个特定结果的痛快
放手。

你知道吗？管理你的结果有两个层次。

一种是聪明的管理结果，一种是智慧的放手结果。

如果我采用第一个层次：聪明的管理结果，我就会在听到母亲
的第一个决定后，开始运用我聪明的头脑做出相应的对策和反应。
我可能会想避免在家族内部可能发生的不愉快的竞争，重新考虑回
到月收入更高的国企。我也可能会更加拼命地工作，争取用杰出而
不可替代的表现，令父母不得不倚重我的才能，进而赢得企业更多
的掌控权，晋升到更重要的职位，获得更多的财富和股权等。这条
道路，是聪明的头脑在掌控一切，是聪明的头脑在管理结果。聪明
的头脑，设定了某个你希望达成的特定目标，还有实施的具体方案。
然后你步步为营，寸寸算准，如果你能力不错，进取得当，你有很
大可能性会赢得预期的成功。

在同样的情境之下，你还可以采用第二个层次：智慧的放手结果。你用智慧的心做出选择，智慧的心知晓所有的竞争都是幻象，所有的分离也是幻象，所有对于未来的恐惧还是幻象，一定有更开放的合作可以达成彼此的最佳利益。所以我相信宇宙会给出最恰当的安排，会给出一个对所有人都最好的结果，而不仅仅是对我个人而言最好的结果，也不是那个我脑海中认定的最好结果。而对所有人都最好的那个结果，也必然是对我个人的最佳利益最好的结果。

例如我认定对我个人而言，最好的结果就是拿到家族企业最高份额的股权，我就舍不得在事业火热之时，再把企业交给弟弟妹妹们。而从家族所有人的最佳利益出发，让弟弟妹妹顺利接棒，有成长有担当，父母也欣慰，而我和先生也因此开辟出更广阔的新事业，同时又是我真正最为热爱的方向。为了让大家可以从我和家人的经验中有所启发，我征求了家人的同意，把以上的故事分享了出来。

智慧的心知道，最大的回报不是物质，而是自身的成长和提升。你全力以赴去做好不是为了取悦任何人，也不是为了向谁证明自己，仅仅是为了表达自己内在的品质，仅仅是从服务与担当中获得体验和学习，就值得你100%地投入。

智慧的心知道，全宇宙有2万亿个星系，仅仅银河系就约有1000亿颗行星，所有的星球都在各自的椭圆形轨道上完美运转着，也没见宇宙乱成一团。智慧的心知道，每一个成人的人体都由7×

10^{27} 个原子而组成，我的身体却无比精密地运作着，就连生命本身，都能从无到有被创造出来，一颗受精卵就能变成一个大活人，又有什么是不可能的呢？智慧的心知道，地球上有 1000 万物种顺应着天时地利而活，宇宙远比我要智能得多。

智慧的心还知道，宇宙的作用力和反作用力是自动运作的，我们从来都不需要担心你付出的会比收获的少，你永远都不会做"超过"了。你给出的力一定会返回来，不仅是以物质的形式或你认为特定的结果，它会以各种形式返回到你身上。

在能量创造的虚空之中，一切都记录在册，并无比智能地自动补偿。所以我只需要做好"人该做"的事儿，然后让宇宙去做好"天该做"的事儿。

既然在因上，选择了正向意图并随时保持校准，在过程中，已经拼尽全力地选择美好，那么在结果上，我愿意去接受一切。真正对结果放手，回到勇者无畏，那是将创造的阻力归零的状态，此时 $0 \rightarrow +\infty$，零等于无穷大。因为创造真正的阻力来自小我的阻抗，来自你的恐惧，对未来结果的担忧和焦虑，对过去创伤的悔恨和忧郁。当你全然相信因果法则会自然运作，对结果才会充满了无条件的信任，因此才能选择这条最小阻力的道路：放手所有的结果。

因为结果就在你所种下的因里，就在每一个起心动念里；结果就在你种植它的整个过程里，就在你把当下的每一件事情都做出美好而精粹的品质里。所以从这个角度来说，结果本身是没法管理的，因为它在因里已经同步种下，它在过程里已经逐步显化出来。与其担忧未来的结果，不如从因上下功夫，种好种子；不如在过程里妥善管理，种好苹果树。

做好了这两个步骤，至于收获甜美的大苹果，这难道不是必然的结果吗？很多人在浇水施肥的过程中，就已经在担心质量的好坏，担心会有一场突如其来的台风令苹果颗粒无收，担心苹果收获的时候市场行情不好滞销的话怎么办，以至于眼下手头上的事情，反而没有办法全力以赴投入100%的精力和热情去做好。

在此我们讨论的重点不是台风会不会来，市场行情会不会跌，而是我们所选择的聚焦之处，要放在去担忧那些自己无法掌控的事情，还是尽你所能去管理好那些能做好的部分呢？真正打磨出100分的品质，就意味着要全力以赴投入100%的热情和能量。

如果你把聚焦点放在对于未来结果的担忧上，就没有办法真正专注在当下此时此地的创造上。台风来不来我们现在不知道，但我们现在知道的是，比起你100%全力以赴的投入来说，10%的投入必然只会带来更差的结果，不是吗？

而且对于天气、股市、行情，这类对于你我都一样的大环境和客观条件的因素，最好的方法就是兵来将挡，水来土掩。未发生前，我尽量地去觉察到的必要细节，我就尽力先做好防范，比如提前搭好大棚，防治好虫灾。如果已经发生了，我就知道这场台风是必要的发生，此时我可以选择不再把它视为"问题"，而是视为"成长机会"。我再次去深入地觉察，并聚焦于这个经历为我所积累的经验和礼物，并在下一次的行动中积极修正和调整。

一旦你开始了放手结果的练习，一旦你开始对所有的结果都运用了觉察与修正的工具，你将会知道，没有所谓负向的结果。透过觉察与修正，你总能从任何一个当前的事件里，拿到对你而言那必要的礼物。而这正是你继续通关，挑战人生下一阶段进阶游戏的必要装备。你也能越来越成熟地去创造和达成你所渴望的愿景和结果。

正向意图和打磨品质都是在 0—100 分打分的，而放手结果则是在 0—+∞ 打分的。因为你一旦放手结果，把担忧恐惧的创造阻力归零，你便能进入全然聚焦的专注创造，进入无限赋能的状态，随时与正向意图校准，并尽你所能地打磨出美好的品质。你练习和成长的过程，所无限提升的"赋能"，它赋予的其实就是你的技能、能力与能量，也将不断地构成和更新你的意识和内在品质。

所以选择第二种层次，智慧的放手结果，专注于你当下的创造上，你将勇者无畏。在奥运会赛场上，各国都派出了最顶尖的运动员，往往这些运动员在日常训练时，其实成绩相差并不大。如果把他们的心态大致分为两种，你觉得哪种能赢得奥运金牌呢？一种是以夺取金牌为最大目标，却又背负着较大压力，尤其是一想到目标不能达成的话会愧对国家和教练的培养。一种是虽然有赢取金牌的渴望，但却对运动本身有更单纯的热爱，想到能发挥出自己最佳的状态就兴奋不已了，如果自己能够全力以赴拼搏过，也就没有什么可遗憾的。

如果这两种运动员在竞技水平相同的情况下，当然是第二种心态能让运动员在场上进入旁若无人的心理状态，把沉重的压力和期待转化为正向动力，更专注于对运动本身的单纯热爱与狂喜，去超水平地发挥出自己。

在高考中也是这样，很多的"状元"和"黑马"，都是心态调整得非常轻松，只有对结果放手，才能进入这种"很兴奋却不紧张"的状态。这就是心态的巨大影响力。我参加高考是 2001 年，老师考前辅导时说，高考成绩在 750—900 分的，其实大家在竞技水平上相差已经不大，大家在能力和知识水平上几乎都是"胜任"的，人人都有机会成为"状元"，关键就看应对最后这场大考时的临场发挥以及背后起关键作用的心态了。

有些人把高考的压力变成了阻力，有些人则能轻松调转成正向动力，轻松愉悦而又积极认真地去应考。我回忆自己高考时的状态，真是轻松而认真的。轻松是对结果的放手，只要尽我所能发挥好自己就没有遗憾了，才能把压力尽量归零。认真则是打磨品质的态度，积极严谨地去全力以赴。记得赴考前我对父亲说："我只保证尽力而为，全力以赴，可我不保证结果啊！"是的，我不保证任何结果，只保证我尽全力。可是当我保证会尽全力，这难道不比保证结果更加有保证吗?

其实对结果的放手，在中国古老的智慧里也有相似的观点，"无为而为"。第一个"为"指的是结果。无为，是没有一个特定的预期的结果。第二个"为"是在过程里去做，只要专注有所作为的过程，"为"即做好这件事的本身才是最关键的。

同时全然地做到了正向意图×打磨品质×放手结果时，你已经行走在"道"上了。按照道的法则去运作，遵循心的指引去选择，按照良知的正确性去行动，时刻与宇宙法则相校准，践行道，渐融于道，成为道本身，而其实你一直都与道无二无别。

放手结果的奥妙在于，你对此事的兴趣和热情，永远大于你想要达到特定目标的欲望和期待。从思维的用力和努力中跳脱，才能进入完全没有压力的创造。所以一旦你把关注点放在对特定目标的欲望和期待上，就没有办法放手结果。这时重新调整你注意力的焦点，放置在对那件事情本身的兴趣和热情上，去对它浇灌你的热爱。你的焦点越放在对事情本身的兴趣和热情里，越能享受这个过程，越能对结果放手。

实在提不起高度热情和兴趣的事情，不如不做。这是我的行事风格：要么不做，要么全力以赴，没有第三种。因为提不起兴趣和热情的事情，你去行动，先天就缺乏动能。就像汽车跑在马路上，马力不够油也不够，只能龟速前进。这种情况，赶紧换辆马力十足的车子（换另一件你热爱的事情）才会开得顺。

所以你找到你马力十足（热爱）的那辆车子了吗？

接下来，我会就这三个方面继续深入探讨关于正向意图、打磨品质，以及放手结果。

NO.3
设定创造意图

创造意念量表

原来创造意图是可以设定的，创造念力是可以调节的。我有个单身的好友，她非常喜欢猫，不仅会吸猫，也经常嚷嚷着要养猫。有天她说："我的男朋友怎么还没出现呢？他是个路痴，竟然迷路了这么久，到现在都还没找到我。"我就开玩笑说："拜托，我发觉你想要猫的意愿比想要男朋友强烈多了。你想要猫是 8 分意愿的话，想要男朋友可能只有 2 分。"

当你的意图不清晰、念力不强时，你就缺乏足够的动力去采取相应的行动，比如主动创造更多能遇见未来男朋友的机会，你可以多去参加优质的派对，你可以主动请同龄好友物色介绍等。念力不强时，你就没有足够的动力去做，去达成这件事情。

觉察与修正

举例：我很想要一个男朋友，那么我首先评估一下，我的意图是否清晰而明确呢？即我是否真的100%确定，我很想要男朋友？我是否100%确定，真的很想进入一段亲密关系？

然后去觉察我的深层信念有没有一些限制自己的想法，比如：

"其实单身也没有什么不好。"

"爱情总是转瞬即逝的。"

"男人大部分是不太可靠的。"

"就算恋爱了也可能会伤心地分手。"

"现在离婚率这么高，就算我结婚了也可能会离婚。"

"生孩子会很痛苦的，要把孩子养大就更加麻烦了！还可能影响我的事业发展。"

……

把你的这些深层信念逐一列出，并在每一条的右侧，相应列下一个积极的信念，进行修正和调转：

"我相信两个人会给我带来全新的体验。"

"爱情转变为亲情也是更为历久弥新的深厚情感。"

"不管男人是否可靠，我自己的独立成熟都足以应对好生活。"

"合适就继续，不合适就从这段关系中告一段落，重点是得到成长并彼此祝福。"

"我有足以让自己幸福的能力，并把幸福美好的生活分享给家人。"

"当我决定要享受创造一个生命的喜悦，我会成为一个伟大的母亲。我越成熟稳定，就越有能力去平衡好一切。"

……

调转之后再评估一下，现在对于想要有男朋友这件事情，你的念力在量表上到几分的程度了。因为此时，你想要达成的事情可能会有多件，每一件的念力是多少？在你当前的生命中，这几件事情的优先顺序是什么？

比如当我创办墨尔大学的时候，我需要确立清晰明确的意图，我会先问这些问题：为什么要做这件事？内心真正的驱动力是什么？到底要把它办成一所什么样的大学？是想做到世界第一，还是想服务于国人？是线下的，还是互联网线上的？是聚焦于生命智慧，还是什么都教？如何做到心中的愿景，有哪些具体方案？后来如大家所见，墨尔大学的意图是，一所启迪智慧的互联网生命成长大学。我们希望治愈时代焦虑症，致力于全民成长，让智慧回归生命。

意图清晰以后，再看看这个念力有几分的强度了。是 5 分，还是满分 10 分？这个念力可以每天都校准一遍，如果我设定在 10 分，那么我相应会怎么去付诸行动呢？

我现在想要达成的除了墨尔大学，还有守护大地的社会公益，还有美好活法 App，还有我自己的学习成长。如果你同时在进行几件事情，可以检视一下自己每块的念力各是多少分，又怎么排优先顺序呢？对我来说，自己的学习成长始终是第一位的，如果没有自己的成长和智慧的提升，其他三件事情都做不好。所以这件事情优先级是最高的，有好的老师和智慧课程，我再忙也会挤出时间全程去学习。

而另外几件事情，在你时间有限的情况下，就考八爪鱼般的平衡能力了。在每个时间段，你都会有该聚焦的重点，并全力以赴去做，才能把时间发挥出最大化的效益。同时 hold 几件事情，不聚焦的话很容易降低每一块的成功率，除非你能很清晰地推进每一部分，而且每一块都有顶尖人才一起共创。如果你有很好的人才团队，并有较好的成熟度同时 hold 住几件事情，还是可以的。如果没有，最好是先聚焦把一件事情做到极致，再开展第二件事情。

除非这几件事情之间，有很强的关联性和整合度，并能互相促进。就像很多用户，既是墨尔大学的学员，也在支持守护大地的助农环保公益，也是美好活法的用户，敷着无添加的面膜，订购着有机蔬菜，参加着辟谷断食营或米其林厨艺班。

其实经常有人问我："你最大的使命是什么？"而我最常用的回答就是："我，没有使命。"对方往往露出难以置信的表情："你怎么可能会没有使命呢？没有使命，你做这些事情的动力从哪里来？"

好吧，一开始，我曾带着很强烈的使命感，渴望自我价值实现，觉得自己能为世界带来很大的改变和某种意义上的"拯救"。早在2014年，我确立此生最最最想做的事情就是致力于"地球和谐与人类身心健康"。这个最大的意图就是我满分的念力所在之处，是我魂牵梦萦愿意100%燃烧自己投入去做的事情。而后来做的墨尔大学、守护大地、美好活法这三件事情，合起来就服务于这个最大的意图。

但是后来我在做的过程中发现，使命的深层驱动，其实还是增强自我体验，令自己感到更为重要、独特和有价值的，而且认为这个世界需要被我改变，需要被我拯救。我常常站在道德制高点，追求崇高的良善和伟大的利他之心，而有满腔热血要冲出去做很多事情，包括公益。但后来，我看见了那个更高的宇宙的完美秩序，整个世界都在这个秩序之中完美地运作着。一个更高的真相铺陈在我面前，就是没有什么需要被我改变，而所谓的"意义"也是我们自己赋予的，通常意义也和使命一样，让自我感得到某种强化而已。反而我要在这趟生命体验的旅程里，真正经历什么才是重点。而对于万物一体有了更深入的理解之后，生发绽放出来的同理心，自然会把仁慈、良善和利他的品质，带入你的行动之中。

岁月逐渐磨去了自我肯定和强化的需求，剩下更为简单的部分，就是与这个完美的宇宙秩序（道）协同合作，我放掉了个人使命，只是简单地存在着，体验着，服务着。这就成了我当下最具念力的意图，与更高的智性相和谐，尽自己所能地尽兴而活，存在，体验，服务。存在是我的状态，体验是我的旅程，服务是我的道路。

那么对你而言，最具念力的事情是什么呢？把它找出来，并通过行动去达成它。所有美好的愿景，就是用来被你实现的。

设定意图与调整念力7步骤

1. 列出当前希望达成的所有事情，清晰明确你的意图。

2. 从中筛选出正向的意图，过滤掉负向的意图。

3. 觉察正向意图的背后，有没有一些限制性的信念，列出来。（那些影响了你确信你能100%达成的信念）

4. 在限制性信念的右侧，写下修正后的积极信念并决定采用它们，释放掉不再适用于你的旧有信念。

5. 评估你对各个意图的念力是多少分，是否需要调高或调低。

6. 调整后排列出各个意图的优先级，并按照此优先级去积极地展开行动。

7. 每天保持校准，根据阶段性的成果随时修正行动的方式方法。

对于那些你一定要达成的正向意图，确认你的念力在满分的档位（满档开挂），并付出与之相应的正确而有效益的行动，你一定能开花结果，实现梦想。

另外，如何确定你的意图是不是正向的，最简单的识别方法是：出于竞争和恐惧的意图，会伤害到任何人事物的意图，往往都是负向的意图。但对于同一个事情的意图，对于不同情境不同人物，甚至是对于同一个人物的不同阶段，都会有着截然不同的意义。

比如你发起一个意图：吃方便面。你一想到现在午夜追剧，吃上一碗老坛酸菜面的话，那酸爽！吃方便面会令你获得酸爽的快乐和口欲的满足感（快乐考量），但可能会对身体健康有不良的影响（健康考量）。如果你把健康放在更高优先级的选项，并决定采取相应行动，那么吃方便面对你来说，此刻就是一个负向意图。因为它会带来对健康的不良影响。

如果你把快乐放在更高的优先级，真的对你来说会很开心，开心到有 5 分的程度，而开心也会给身体带来很多积极的影响。而对于健康的影响，毕竟吃碗方便面也没有严重到身体会立即挂掉，危害程度可能也是 5 分。那你两相权衡，可能还是会选择吃。

但是如果你现在身体处于重症的情况下，吃方便面对你的危害程度可能是 10 分，那即便会令你获得短暂的开心和满足，但对你的最佳利益而言，这就是一个负向的意图。

再比如对于一个 40 岁正当壮年，有坚持健身的习惯，体能很好的人来说，跑 10 公里，能促进身体健康和意志锻炼，这就是一个正向意图。同样这件事情，如果在他 60 岁并有心脏病，时不时还可能心脏骤停的人生阶段，此时跑 10 公里，看起来就是一个负向意图。

所以正向意图是对你而言符合你和整体的最佳利益的意图。正向意图，就是符合"道"去行动，正确地做任何事情。而什么是正确的，我们每个人的心中都保有那一份良知，都横着那一杆秤。只有你把个人利益摆在更高优先级情况下，只有你把一时的快乐至上摆在更高的优先级时，这个天平才会失去平衡。

NO.4
为自己的品质负起100%的责任

创造是什么？创造，不仅仅是我们所造之事物，还包括对自我的定义及限制，也创生出自我的存在形象、内在品质和生命体验，并以不同的视角和观点，信念与定义，赋予生命以意义。

个人创造的过程，实际上就是"输入与输出"的过程。我们的输入包括学习探索和感受，也包括输入各种资讯、知识、技能、才艺等；我们的输出包括表达、分享和服务，也包括输出你的作品、绝活、思想、创作等。

从小到大，我们通过学校知识和课外学习来输入，我们学习各种才艺、技能、应用工具、专业考级，我们也学习各种成长智慧。

持续积累的输入结果，就是你当下的振动频率，也就是生命通过体验和成长，所感受、经历、相信、应用、思考的所有事物的总和。

而你的输出则可以通过文字、声音、照片、音乐、设计、艺术作品、产品、职场工作、技艺等来表达，它可以是你的每一条朋友圈和微博信息，可以是你每一次的表达互动呈现，可以在你的每一秒时间里，可以在你参与的每一件事情里。觉察你所输出的品质，是非常重要的。

在输出所有你的作品之前，都要先过一道品质的滤镜。过不了自己这关的东西，就不要给出去。我们先明确自己希望输出的品质是什么样的，然后持续精进，死磕打磨，不断完善。就像墨尔大学希望邀请到全球最好的智慧导师，给出最优质的课程内容，那我们就需要去邀约心目中真正优秀的导师，有些国外的老师一开始并不了解我们，那就以至诚心再多跑几趟。

始终保持清晰的意图，持续地练习与践行，培养我们的意志品质和自律，不断地成就那样美好的品质，并重视发展自我各个面向的美好品质。输入与输出，要越过知识与技能，回到自身美好品质的储备、积累与发展。以下是我个人最喜欢的美好品质，我经常会对照自己去进行觉察与修正：仁慈、智慧、无条件的爱、接纳的弹性、热情、幽默、喜悦、简单、纯粹、质朴、真实。

当我发现哪些事情我处理得违背了自己钟爱的美好品质，我就会立即做出修正。一切以我为始，有我参与的每一件事，都为自己的品质负起100%的责任。

哪怕是你走在路上，有人请你帮忙拍个照这样的小事。当你接过相机，就已经默认这将是你要输出的作品，拍出来的照片，所代表的其实就是你的品质。为了对我的作品负责，对我的输出品质负责，我也要帮忙调整好位置，看看光线够不够，鼓励对方的表情更绽放些，再"咔嚓"一下，确认没问题，才交货完成。

　　只要你树立起为自己的品质负起 100% 责任的意识，并时刻践行在每一件大小事务上，用心和细致地做好它，久而久之，你做的事情必然能达到成熟的品质，精通的品质，乃至大师级的品质。其实世上所有的匠人，都是这么锤炼出来的；世上所有打动人心的作品，也都是这样打磨出来的。

NO.5

一棵草，一滴露

　　我的母亲出生在一个医生家庭，外公在当地有些名望。母亲在家中排行第六，出生后就被送到相对偏远些的养父母家中，养父母一直要不上孩子，而母亲很好地完成了招娣大姐的任务，很快就有了两个弟弟。于是两边加起来，她就有七个兄弟姐妹。

　　母亲五六岁时经常生病，严重的时候外公（母亲的养父）就会把她放在箩筐里坐着，再挑着她去镇上的医生爸爸（母亲的亲生父亲）那里看病。和其他病人一样的流程：排队，看病，开处方，付款，抓药。年幼的她在一个诊室中，面对着两个父亲，个中滋味可想而知。

　　一出生就被送走，没能在亲生父母的疼爱中长大，想来也是很心酸的经历。我小时候曾问过母亲，你觉得命运公平吗？你的姐姐们都在父母身边长大，却把你送到别人家被领养。可是母亲却告诉我说："一棵草，一滴露。在这个地球上，哪怕是一棵再微不足道的小草，在生长的过程中，都一定会公平地得到阳光的普照和雨露的滋养。虽然我的经历充满了困难和挑战，但是我知道一定会被照顾好的。"

"我知道，我一定会被照顾好的。"这是一句多么简单而有力量的话。是啊，每一棵小草，都会得到它所需要的那一滴露水，多么粗浅又质朴的道理。

生命是关乎自己的体验和感受的，命运的本质跟太阳是一样的。太阳是如此公平的普照，从来不会因为你是个好人，就多照你一下，让你烫得跳起来。太阳也不会因为你现在是一个穷人，就不照你了，这是不可能的。每一个人充分体验生命的机会是平等的。在这个体验的过程中，我们随时都可以去运用我们的视角，更好地与这个体验积极互动，并活出生命独一无二的精彩。

此刻，我想起了曾经遇到的出租车司机，他在车上抱怨着他的艰辛："看哪，命运就是如此不公！每个人的命都是注定的！你看你天生就是一招手，就有车坐。而我们就只能开着车在大街上转悠，等着你们招手。这就是命，没办法啊！"当他这么想的时候，他的确会经历他认为的那个版本的现实。从这个角度来说，每个人都是心想事成的。

宇宙最有意思的地方就在于，它就像一个镜子，你就是镜子前面的人。你笑，镜子里反射的就是在笑着的你。镜子一直返还给你的是你自己摆出的表情，你摆出的造型。镜子从来不会反射出和你真实的信念不一致的相。无论你真实的信念是什么，镜子都只会说：

"是的。"

当你说："命运是不公的，我的命已经注定就这样了，我没有办法。"镜子只会说："是的。"

当你说："命运是公平的，无论现状和当下的情境是什么，我都先接纳事实（已经存在的就是合理的），并积极去移动，我能创造任何对自己而言更好的情境，前提是我真的想要并正确地付诸行动。我正在参与创造着未来的事实，不是吗？"镜子也只会说："是的。"

无论你选择什么信念，我们从小到大，从社会、家长、老师等不同的地方接收到各种资讯，连同他人的各种信念也一并接收了。比如你深信"吃得苦中苦，方为人上人"，那么你的确会经历要拼命地吃到苦中苦，才能奋力地成为所谓的人上人。那么镜子里所呈现的就是你认为的世界，有苦中苦，有人上人。如果你选择的是另外一种视角和信念，正如我常说的这句话："没有好苦的事，只有好酷的事"，或者是"每个人都能同等地绽放自己的天赋和精彩"，那镜子里呈现的又是另外一个版本的剧情了。

母亲的"一棵草，一滴露"，讲的正是放手结果，我们都能被一种更大的宇宙智能和秩序，照顾得好好的。这也就是我理解的真正的"勇者无畏"：不害怕失去，不期盼得到，不追悔过去，不担忧未来。

我一下子豁然开朗，为什么我们要在得失与取舍之间，花那么多的力气和能量去衡量，并害怕失去？为什么当未来还没有到来时，我们就在期盼、担忧或执着于一定得达成什么样的结果？为什么过去的事情早已过去，还要把那个记忆不断地调到当下来追悔和痛苦呢？

当我们把害怕、追悔、担忧的东西完全放手的时候，就把自己能量状态的阻力尽量地趋于零，也就是零执着、零期待的创造状态，此时你无论去做任何事情，它所发挥的能量和效益，一定是趋向于无穷大的。我们所要做的，就是保持对所有信念的觉察，并及时做出积极的修正。

在生活情境之中，我们还要洞悉人生故事，从而避免陷入纠缠消耗的剧情之中，更好地免除负面能量的影响。这样双管齐下，能量提升就稳妥了。接下来，让我们进入人生故事。

第四章

人生故事

"不管外在有什么样的人事物发生，

在你的能量和能力之内，

在你的兴奋之中，

竭尽全力去无条件地给予。"

NO.1
萨满的启发

　　2018 年春节我去了南美马丘比丘和天空之境，为我们导览的是玻利维亚当地的一位萨满。这趟旅程最令我印象深刻的是，我们每到达一个地方，萨满都会带着大家向这座城市送上问候和祝福。我们所有人双手合十，再双掌分开，对着天空画出一个大大的心形，又双手合十再向天空送出一个吻。比如我们到了马丘比丘，送出心和吻以后，我接着在心中默念："Hi，马丘比丘，我是唐宁，很开心来到这里。接下来这些天，我将在这里敞开我的心，迎接你所有的能量与祝福，谢谢你的存在！"

　　而每离开一个地方，我们也会再次向这座城市送上感谢，双手合十，再双掌分开，画出一个大大的心形，再向天空送上一个吻。当我离开马丘比丘时，我在心中送上感谢："马丘比丘，谢谢你！谢谢这片美丽的土地，谢谢土地之上所有美好的人事物，感谢你们为我提供的所有支持。感谢你以你的存在荣耀着地球母亲。我将为你送上所有最美好的感恩与祝福！

　　就这样，一站站问候，一站站感谢告别。记得当时同行的徐峥

导演很感慨地说："我突然觉得我们欠中国的城市太多的感谢了！这
么多年一直拍戏，去了那么多地方，走过了那么多城市，却从来都
没有想过，跟那些城市好好地说一声感谢。"

是的，我们经常匆匆忙忙地走过了那些城市，匆匆忙忙地办完
了那些重要或琐碎的事情，却忘了去敞开自己的心，忘了好好地感
受这座城市的美丽，忘了好好地表达对它的感谢，忘了好好地感谢
所有为自己提供过支持和服务的人事物。

当我再次回到花城广州时，从飞机舱窗赫然看见这座美丽的闪
耀着明亮灯火的城市，眼泪唰的一下就涌了上来。我郑重其事地向
广州城以及母亲河珠江，重新介绍了自己，感觉这才是我们第一次
正式认识了彼此。而现在无论去到哪里，我都会送上诚挚的感谢与
祝福。心中对土地及那之上的人事物，对你所有缘遇到的一切，感
到越来越珍重和感恩，并会有更深厚的联结。

NO.2
五个手指头

这位萨满还教会我一件事情，她说："伸出你的一只手掌，你看到了什么？五个手指头对吗？那对你来说，哪个手指头最为重要？如果非要失去其中一个手指头，让你选的话，你愿意去掉哪一个呢？"

你会怎么回答呢？哪个手指头，都很重要啊！怎么选好呢？中指最长，拇指代表顶呱呱，食指最灵活，每个手指头都有各自的功能和妙用啊。

萨满说，其实这五个手指头就像我们每一个人。我们每个人就如同五根手指头的其中一根，我们都在这个宇宙中有着自己的独特位置，每一个人都发挥着自己独一无二的价值与作用。每一个人都是缺一不可的，每一个人都有着自己独特的天赋和精彩。

是的，我们在一个手掌之上，就如同我们都一体共生在天地宇宙间。我们本来如是，我们都是独特而重要的，我们都是一样的，我们都拥有一样的光芒，一样的精彩，一样的来源，一样的本质。

从五个手指头的故事里，我学到的就是生命彼此之间的真相，一体共生，平等协作。这也呼应了本书第二章里，当我们来到强化自我或打压自我的体验中时，我们往往就忘却了这个真相。生命本来就是平等的，没有谁比谁更厉害，没有谁比谁更优等或高级。

　　所以当你坐着过山车的时候，记得看看你的五个手指头，你就明白所有人都和自己一样都是重要而独特的。当你掉到坑里的时候，记得看看你的五个手指头，你就知道所谓的"我不够好""我不配得""我不完整"都只不过是头脑的幻象，你本自具足，也从来都值得拥有一切最好的东西，也自始至终都是完整的。

　　当你每次坐上了过山车，或掉进坑里，觉察到不舒服或者心塞的时候，你就看着五个手指头，立即就能把这些"控制者"和"受害者"的所有幻象，压到你的五指山下，哈哈，它们别想再兴风作浪了！破除幻象，立即修正，你就能牢牢地锁定在中间如如不动的线上，这就是我们所需要执守的中道。

NO.3
人生故事

　　生命是一趟旅程。对于生命体验的理解有几个不同的层次，如同电影《盗梦空间》里面，有多重维度的空间，深陷某个维度实相中的人是不自知的，也并不知道还有其他维度空间的存在。

　　而对于生命体验的理解也一样，大致分为三个阶段。假如你现在就坐在电影院，看着眼前的这部电影。里面的主人公你非常喜欢，想象你现在完全进入了电影的剧情之中。你变成了主人公，在经历着所有的故事和剧情。你入戏太深，忘我地出演，以至于你已经完全以为你就是电影中的主人公，而不是坐在电影院正在看着这部电影的那个人。

第一阶段：入戏太深的主人公

　　这个阶段的人，入戏太深，你以为自己就只是电影中的主人公，按照编剧和导演（命运）所编好的剧情，出色地演出。你甚至忘了，戏外看戏的那个，才是本来的自己。

　　大多数人都在这个阶段，终日奔波忙碌，也没心思深入思考到底生命为何。面对生命这种沉重的大课题，有些力不从心，对于生命中的起起落落，也往往是无能为力。在社会的系统、学校的教导、亲友的影响、广告的教育和既定的游戏规则中，不自觉地被牵引、拉扯和影响着。

在第一阶段，假如此时你就是某部戏里的主人公，正处于水深火热之中，大龄晚婚剩女，嫁给了一个很怕妈妈的博士男，现在正面 PK 着控制欲极强的厉害婆婆，婆婆每天会找各种理由来刁难你。由于你是戏中人，你只能跟着剧情发展一幕幕地去演绎，作为剧中人只能被动地被牵着走。

第二阶段：离戏的观众

少数人来到了第二阶段。他发现了原来自己不是生命这场好戏中的那个演员，自己是观众席坐着看戏的那个人，而且手里还拿着个遥控器，还随时可以点播，可以换台。你要看俗套悲情的，还是看温馨浪漫的？你要点播韩剧，还是宫廷剧？都由你决定。

在第二阶段，你看着刚才那部戏，你已经从戏里跳出来在看着眼前的剧情，你开始了观察。有很多开始迈向生命成长的人，会更容易进入第二阶段，因为开启了觉察的能力。你对生活保持着觉知。

你看见戏中的人当前的人生正处于水深火热之中，大龄晚婚剩女，嫁给了一个很怕妈妈的博士男，正面 PK 着控制欲极强的厉害婆婆，她每天会找各种理由来刁难主人公。观众席上的你已经离戏了，并可以积极思考，为主人公出谋划策，突然觉得以前难以控制的情绪距离自己变远了，多了些空间可以更加耐心地处理这个剧情。

你开始想，如果你是剧中的人，应该怎么做最好呢？怎么做更有智慧呢？或许你会先分开住一段时间；或许你会去学习一些情绪管理的课程提升自己的情绪管理能力，以便更好处理好家庭关系；或许你会直接找先生或婆婆好好谈谈，取得他们的支持。你不再只是戏里的小人，而是能够看见全剧完整剧情的观众。你有了更高的一个视角，去全新看待那些人物关系。如果实在不喜欢剧情和人设，大不了换台，或先换个画风。你成了觉知着生活的观察者。

第三阶段：编导或导演

更少数人来到了这个阶段，此时你既不是入戏的主人公，也不是离戏的观众，因为本就没有戏里戏外，只有真实的生活，只有真实的你，只有真实的生命大戏。此时的你洞悉了生命体验的真相：我们都是自己生命的编导或导演。

我们的这场生命大戏，其实上演的就是一幕幕的人生故事。面对人生的故事与剧情，我们都是沉醉于忘我出演的演员，无论你正在演绎着什么样人设的自己，我们每个人都有着当之无愧的奥斯卡影帝影后级的水准。

当够了奥斯卡影帝影后，我们何时学会喊 Cut，学会剪辑，学会选角，学会允许 NG 呢？

现在，你看见自己不仅仅只是演员而已，而是变身为你生活真实剧情的编导或导演。我们都是一边体验着生命，一边又以自己每一个当下的选择和行动，交互创造着新的生命体验。你意识到原来是你自己在参与编织着人生故事，原来是你自己在自编自导自演着整个剧情。

当你发现了这个真相以后，你可能会很想致敬那些年的对手戏。所有和你演过对手戏的人，可能是你的家人，你的朋友，你的上司，你的员工。他们以同样忘我投入的倾情出演，成就了你一个个体验的剧情，让你在地球上拿到如此丰富精彩的经历，并得以快速闯关和成长。在那些你曾经摔过的坑里，在那些你曾经获得最痛领悟的磨砺之中，那些曾经如此敬业的虐你千百遍的对手，往往也为你带来了极大的成长机会。

对于接下来要出现在你生命当中，陪你继续演对手戏的关键角色，你要选"狠角"还是"戏精"呢？别忘了，你是编导或导演，现在你可以在上演前就学会选角了。对于那些套路满满夸张的人生剧情，你也要学会换台换画风了。

克里斯多福·孟老师有本书《亲密关系续篇》，对于关系和故事也有非常智慧而独到的见解，我有幸为他写了推荐序，总结了书中的精彩之处：

"的确，关系中的问题只是故事而已。故事之所以存在，是为了支持一种人类体验。我们对事件产生好坏的感觉和评判，并通过自己的故事来定义一切。全新地看待情境，并正向调整我们对事件的回应，从无意识的排斥，到有意识的接纳。彼此互相看见对方的本质，你不再只是想'改变'你的伴侣，而是透过彼此的成长去自然地达成更和谐的关系状态。他总是饱含着欣赏之情，赞美着生命的壮丽辉煌和人类旅程完美的惊人设计。"

是的，其实关系中的问题都只是故事而已。我们用一张信念的大网，编织着各自的故事，并通过自己的故事定义一切。仅仅是视角与信念的转换，你就能全新地看待情境，并有意识地编织新的人生故事。

而我们也要觉察自己是否想"改变伴侣""改变孩子""改变父母"，此时很容易落入"控制者"模式。其实我们完全可以透过彼此的成长去自然地达成更和谐的关系状态。就像当初我刚刚开始去学习辟谷和禅修，回家就想让先生和我一样有所改变。我越想改变他，他越是抗拒。

后来我自己成长了很多，情绪越来越成熟，智慧也得到了很好的启思，把家里和公司的大小事务都处理得越来越顺畅，却轻松而不费力。他惊讶于我自身的转变，并真的感受到学习提升所带来的生命品质的绽放。当我已经活出更为自在喜悦的状态，他也迫不及待想提升自己，于是也开始了新的学习旅程。我们决定不再玩俗套的剧情了，而是要共同去编织一个全新版本的人生故事。

"昨天的我聪明，想去改变这个世界。

今天的我智慧，正在改变我自己。"

——鲁米

NO.4
人生如戏，务必给力

　　说起这个狗血的剧情，我们需要了解一个概念："加戏"。在地球上的每一个人，其实都是演技精湛的奥斯卡影帝影后级的人物，对于自己所编织的人生故事，我们总是忘我地醉心出演，而且不会放过任何一个抢镜抢头条版面的机会。正所谓：人生如戏，务必给力。

　　比如我把手机忘在停车场的车上了，我请先生下去帮忙拿，他开始加戏了："为什么是我？凭什么是我？你自己丢的手机自己去拿好吗？我也工作了一天，已经累得不想动了……"

　　我就对着上空喊了一句："导演，我要投诉，他加戏！"我知道他心里其实很愿意帮我去拿的，我们那关系铁的呀，而且拿上来后我可以给他准备好吃的表示感谢呀！互相支持协作挺好的嘛。果然他马上就收起这几分钟加戏的演技，说："马上就给你拿回来哈！"

　　有天去我爸妈家，我娘亲是个超爱加戏的主，她经常忍不住要发挥一下她精湛的功力。墨尔大学最近组织了春节去南极的游学团，我想给全家报名，带上爸妈公婆。我娘就开始加戏了："哎呀，这几天我们很忐忑呀，跟小区邻居们一说呀，去旅游花这么多钱，省下来都能买个车了吧，我们舍不得。算了，我们四个老人再找个便宜点的国家，自己跟团玩去好了，能省出一辆车的钱呢！"

我跟娘亲开玩笑说："老妈，你光这么想，我说不定今年就少挣几百万了呢（体验需求下降了）。因为你们，才有了我们。你们有丰盛的思维，孩子们会更加丰盛。在自己发展成熟的阶段，能带着父母去地球上最美丽的地方体验，是我们能够去荣耀自己生命力来源的一种感恩方式。是体验重要，还是钱重要呢？如果你来一趟地球，连最美丽的地方都没有看过，剩下很多钱有什么意义呢？而且你经历过这个体验后，视野和创造力都变得不同，你更有能力为这个世界分享更多你的创意，提供更多你的服务啊！你去了，我就更有动力干活啦！（提供更好的服务价值）。而且最重要的是，我们多创造了 18 天全家能待在一起的时光。"

然后我转头跟老爸说："老爸，刚才老妈这段纯属加戏，你就痛快地去，简单粗暴最干脆了。"老爸也点头说："就是，你老妈加戏，她明明就很想去，还跟邻居炫耀说孩子们硬要请她一起去。"

娘亲看着我们，哈哈大笑说："好吧，好吧，那我就不加戏了，不管你们钱不钱的事儿了，去去去。"虽然最后他们还是因为身体原因没有成行，但这个过程已为我们带来了启发。

其实加戏，加的都是内心戏，尤其当对面有观众时。如果你上过一些课程的话，经常有些学员提问或个案的时候，一讲起自己遭受了多么不幸的经历时，有的眼泪涟涟，有的愤恨难平。这段加戏经常让自己都忘了，你关注的是问出真正的问题并得到解决方案呢，还是更想反复描述所谓的不幸和受苦，强化自己受苦的情境，寻求认同和关注，或得到一次心灵按摩呢？

有一次年终的时候，我们市场部门发布了新的绩效方案。新方案更侧重对个人业绩贡献的奖励，而不是增加底薪。于是有同事开始散发负面情绪，向经理提出质疑，并常在吃饭的时候，向身边同事不断地抱怨。直到新方案实行了两个月后，这个同事所获得的实际薪酬，反而比以前更高了。这时，他才意识到自己前面走了很多"加戏"的过程，消耗了很多能量，散发了大量的负面情绪，用在了"怼天，怼地；怼别人，怼自己"。

面对一些我们暂时还不能完全理解和接纳的情况时，我们可以思考一个问题：把焦点放置在正向的创造上，还是放置在害怕失去上呢？人生如戏，如何滤掉那些不必要的加戏，让我们真正地聚焦在需要"务必给力"的事情上呢？

的确，加戏让我们的人生变得丰富多彩，有滋有味。但是，选择要上演什么样的剧情，这段加戏是否有必要，在出场前，你可以三思而行。之后一旦出场，人生如戏，请务必给力，保持觉知，并拿齐所有能服务于你生命成长的礼物。

NO.5
那些开着垃圾车的小大人

　　我在美国杨珑老师的课上，学习到以下关于"小大人"的智慧：回想看看我们身边每天发生的场景，有没有那些开着垃圾车，到处在接收别人垃圾苦水的小大人？当人们遇到心事和问题的时候，会第一时间去找他们倾诉。那些年默默收垃圾的知心姐姐，知心哥哥们，他们其实是人群中的小大人。他们往往在年纪很小的时候，已经在家里或班上操心管事，总想给别人提出建议，提供帮助。当父母出现感情问题或其他状况的时候，小大人往往主动去承接了这个伤痛。还有些小大人成为父母的黏合剂，成了把父母继续粘在一起的胶水。

　　其实我也曾经是一个典型的小大人，从小跟小伙伴们玩耍，就负责带头组织游戏；在家里也喜欢管着弟妹的学习。当我这个小大人长大当家，而父母渐渐老去，小大人在家里变得比父母还要"大"，父母听着小大人告诉他们，应该这样，应该那样。

　　后来我才意识到，自己曾经多么的狂妄自大，明明是父母给予了我的生命和一切，我却很努力地越位，想包揽和决定家中的大小事务，给家人各种智慧建议和悉心指导，在父母面前变得比他们更大。36岁的我，总想要看起来比快60岁的父母更成熟和智慧，更懂得应该怎么去和这个世界打交道，更知晓如何善巧地应对生活和关系。

我身边还有些人，在成长的过程中，经历了父母再婚或改嫁，重组家庭，婚后又生育了其他孩子、父母过早离开了自己、父母有婚外情或私生子女等，而怨恨父母，对心中的创伤难以释怀，无法去原谅自己的父母。

其实，在这个世界上，只有那两个人，因为他们爱你足够多，以至于他们愿意给予你生命。在这个世界上，只有那一个人，母亲，因为她爱你足够多，以至于她愿意用她的身体作为你的第一个房子，用了整整10个月的时间，用她自己的身体、乳汁和能量，给予了你生命。而作为父母，作为创造新生命的父母来说，当他们生下你的那一刻，这个创造生命的过程已经完成了。他们最大的这个任务——给予你生命——已经完成了。

在灵魂的层面上，父母爱你足够多，他们才会共同决定，把你带到这个世界上来。我们回到那个生命创造之初，那份足以移动大山的深沉的爱，是为了去理解当父母给予了你生命时，这个创造的恩典，已经被完成。之后在我们成长的过程中，我们可能为了给予对方更多的学习，我们彼此扮演了很多故事中的对手戏。但无论发生了什么事情，我们都铭记创生那一刻深沉的爱，始终朝着和解的方向，去看见父母真正爱我们的样子，去看见父母生命的本质。

在父母的面前，无论你取得如何的成就，父母永远都比自己大。他们永远有自己成长成熟最完美的节奏，有自己体验生命最完美的过程。当我决定要做回在父母跟前那个小小孩的自己时，那一刻起，我如释重负，轻松无比。我决定尊重他们的节奏和过程，尊重他们生命的体验，同时一直给予他们全然的支持，以和谐的爱而非掌控的方式。这点对于我们的孩子，或关系中的任何生命来说，都是一样的。

如果你也是人群中开着垃圾车，到处接收垃圾的小大人，如何让自己不会陷入整天疲惫又心塞的状态，如何建立清晰的界限，保护好自己的能量，并能真正帮助到别人呢？让我们继续探讨吧。

NO.6
不能带来改变时，我后退

对于这些开着垃圾车，接收了一堆"加戏"苦楚的疗愈者来说，海灵格老师的这几句话可以很好地建立个人清晰的界限，也有益于各种关系回归到和谐的爱的序位：

"你在那里，我在这里；

这是你的故事，不是我的故事。

当我不能带来改变的时候，我后退，把焦点重新放在我能带来改变的地方。"

——海灵格

当遇到走进你生命里的任何一个人，你都能看透他的双眼，真正地从心里辨识出界限："你在那里，我在这里。这是你的故事，不是我的故事。"

这一刻，你就有了个人清晰的界限，对于所有的事情，你知道需要去介入多少，如何去参与和服务，才符合对方的最佳利益，符合他生命的蓝图和体验，也同时能符合你自己的最佳利益。你从来都不需要通过伤害自己，或减损自身能量，或让自己心塞身累的方式，才能真正去帮助谁。

我们往往出于爱的举动，承接了别人的伤痛，承担了本不属于自己的责任，而造成关系中的越位和失序。我们往往总是试图改变别人，而不是去活出自己。当你能活出自己美好的生命状态，反而更能潜移默化地影响别人，他们会积极主动地去转变自己，提升自己生命的品质。当我们能真正看见并尊重他们生命本质的样子，Yes，I see you in my heart。从你心中真正地看见他们生命本质的样子，你就会尊重他们的道路，尊重他们的节奏，尊重什么对于他们来说是最好的方式。

你不再想着要改变别人，而是过滤掉那些不必要的情绪，只留下那些必要的，你真正想去经历的动人色彩。你依然可以为每一件事情的优化和推进，带来改变。但是一旦你卡住，不能带来改变的时候，要学会后退一步，重新校准关注点，把焦点重新放在那些你能带来改变的地方。

这与"三十六计，走为上计"有异曲同工之妙。我们总是习惯向前冲，却不知道进退之道。革命的道路是曲折前进的，这个曲折就是后退调焦。当我们卡住的时候，我们往往会把焦点放在"为什么这个事情不按照我想的那样？凭什么受害的、倒霉的是我"。

Rose 的故事：两个不同的声音

Rose 是一个很优雅美丽的女人，目前她正在经历乳癌复发。我们在一个学习自我疗愈的课上相遇，授课老师曾任教于美国排名前十的大学，曾配合多位医生的治疗，帮助疗愈了超过 1000 例身体有各种显著疾病的人。

Rose： 我真不明白，为什么会是我？得乳癌的人那么多，要复发也通常是五年后啊。我不到三年就复发了。凭什么是我？为什么倒霉的是我？我到底做错了什么呢？

我： Rose，这就好比现在你掉落到一个坑里，你花了一整天的时间，一直在抱怨：这个坑是谁挖的？谁害我掉进这里？凭什么是我这么倒霉掉进了坑里？

Rose： 我不知道怎么去向别人求助，我没有信心会得到康复和疗愈。我其实已经放弃希望了。

我： 其实现在你已经出现在一位疗愈专家的面前，这就好比你坐在坑里的时候，上面现在已经丢下来一根绳子，一把梯子。而你的关注点，是一直在骂这个坑，和抱怨自己的不幸。当掉进坑这个事实已经是我们无法改变的事情后，不如后退一步，把焦点放在我们能够带来改变的那些地方。去看见梯子，去寻找绳子，去呼喊能够帮助自己的人，去积极关注如何把自己尽快从坑里移动出来，这才是我们该聚焦的事情。

Rose： 我没有办法做到，我耳朵里一直有两个不同的声音。一个说，可能会有希望；一个却冷酷无情地说，我没救了，我不可能会被治好。

我： 当出现两个不同声音的时候，勇敢地去辨识出它们。一个必出自恐惧，一个必出自爱。把来自恐惧的那个声音辨识出来（你没有希望，你不会好的），音量调小，直至关掉。把另一个来自爱的声音也辨识出来（你会好起来的，你要积极疗愈自己），爱的声音会告诉你，无论现在的情景看起来是多么困难，依然要朝着美好正向的可能性去移动，把这个音量放大，并听从这个声音去付诸行动。如果你心中有两个不同的声音，你最后听从的，是你一直在喂养的那个声音。而你始终都有选择，决定放大哪边的音量，决定去喂养来自恐惧的负向的声音，还是去放大来自爱的正向的声音。

当你还在喂养来自恐惧的声音的时候，去深入看看，内在还有什么你抱守不放的信念。往往是因为维持当前这个受害或不幸的情境，令你觉得自己有价值，或是惩罚别人。

后来我才知道，Rose 的先生曾经对不起她，她悲痛欲绝。而得了乳癌后，她先生因此非常愧疚。有时候我们潜意识里为了惩罚最爱的人，为了惩罚他们曾经犯下的过错，我们甚至不惜放任负面情绪的疯长，把自己带入苦难的情境之中，不愿移动出来。因为一旦这个情境解除，我们就没有什么可以让对方继续悔恨愧疚的了，我们就没有什么可以惩罚他继续自责受苦的了。我们甚至会通过把自己推入最低谷的苦难情境，惩罚对方深陷"即将失去你，为何不懂珍惜你"的悔恨中，让我们觉得自己才是有价值的。

一旦我们知道自己并不需要通过惩罚别人来确认自己的价值，一旦我们愿意朝向正向的结果来达成和解，很多的疾病将打开疗愈的更多可能性。试想一下，连我们这么高大的一个大活人，都可以从无到有被创造出来，一颗受精卵都可以变成一个 1.7 米的人，我们的身体自我修复的智慧，它所能创造的神奇和可能性，将远超出你的想象，不是吗？

卡住——后退——调整焦点——重新移动

无论当前的情境是什么，如果你无法带来改变，就后退，重新聚焦在可以积极地继续移动的那些地方。由此，我们将不会在改变别人、折磨别人、纠缠自己的执念中卡住，所有的关系将恢复流动，所有的事情也能在积极移动中得以推进。由此，我们将能更好地支持所有重要关系中的人，无论是伴侣、孩子和父母，以及伙伴。

NO.7
你以为的残酷是真正的慈悲？

"有时候，你以为的残酷是真正的慈悲，

而你以为的慈悲是真正的残酷。"

——喜达老师

我的父亲曾在家庭例会时，深有感触地分享过一个观点："你们大姐毕业那会儿，因为家里一直投入开店，手头并不宽裕，我只能在她买房付首付时支持了两万块钱，其他的得靠她自己想办法，攒钱，供楼，没想到她反而得到了很大的锻炼。而到后面你们三个小的毕业时，家里宽裕了，买房买车，举办隆重的婚礼，都由我们一手操办。甚至你们都成家立业，换第二套房子了，我们还不遗余力地出资相助。说不定啊，就是因为爸妈一直想要把你们都照顾得面面俱到，反而让你们失去了一些自己闯荡磨砺、钻研拼搏、使劲想办法的动力和机会啊！"

我回应父亲："老爸，不会的，你那时候要是全部资助我，我就更乐意了，说不定现在更好。"

弟弟妹妹也打趣："老爸，原来我被你过剩的爱与呵护，给耽误了。不然我现在肯定有更大的成功了，都怪你。"当然如今我的弟弟妹妹都非常独立自强，成长很快。

虽然是短暂的一幕，却也反映出社会上的一些普遍的问题，例如"啃老族"的出现，就是有很多的父母对孩子不舍得放手，百般呵护，倾囊相助。有时候，我们这种过度的慈悲，对孩子的蜕变飞翔而言，却是残酷的阻力。而有时候，我们给了孩子更多的独立锻炼机会，看起来是残酷的，对于他的长远发展而言，却是真正的慈悲。

还有我们暑假把孩子送去练习游泳或参加军训夏令营，烈日下让严苛的教练训练着心爱的孩子，看起来像是有点残酷的事情，但是对于孩子的成长来说，却是真正的慈悲。

我们到底应该怎么支持孩子，而又不干涉他的发展呢？其中有个度的平衡。我们始终围绕着帮助孩子去发展和实现他的天赋与梦想，提供那些必要的支持，却又不过度干涉属于他应为自己负起的那些责任。这个平衡，最终取决于，是否真正帮助孩子发展了他自己，成长了他自己，担当了他自己。

在公益界也经常碰到很多一味付出，到处捐款做善事帮助别人的人。有一次，一个做公益救助遗弃猫狗的朋友，提出一个困惑："有些人要帮我领养些猫狗回家，帮我分担一下，但我拒绝了。我是一个喜欢帮助别人的人，我总是热爱给予，但是对于别人给我提供的帮助，我总是拒绝，我怕给他们家里添麻烦。"

我：当你帮助别人，给予的时候，你感觉如何？

朋友：那感觉好极了，每次我帮到了别人，都让我觉得自己特别有价值，我很开心。

我：当你在给予的时候，感觉很开心。既然你是一个喜欢给予的人，为什么不把这个能感觉到很开心的机会，也给予出去呢？

朋友：哈哈，我明白了。原来我并没有做到真正的给予。我应该把感觉很有成就感、价值感，感觉好极了的这个开心的服务机会，也给予别人。

我：的确，给予和接收，应该是平衡的。两边都是流动的，才是最佳的平衡。这样所有人都能从勇于担当与服务中，获得成就感，得到锻炼、学习与成长。要知道，你的给予，是为了表达和分享珍贵的情谊与心意，你的接收，是为了给他人和这个世界，获得同样的幸福感与成就感的机会。坦然地敞开，流畅地接收，同时也是为了在下一次可以流畅地给予出去，而且内在有种坚定的力量，能将更好的服务分享给这个世界。如此，为何你不愿意坦然地敞开接收呢？为何你不愿意非常"舍得"、毫不留恋地洒脱给予呢？

NO.8
编导演大人^①的"制胜三宝"

　　我们总是高喊着"我要改变人生"，我要变得更丰盛、更成功，却经常收效甚微。其实没有所谓的改变，只有真正的转变。所有的改变，都是因我们内心的转念，以及转变看待人事物的视角而来。真正的转变，取决于我们如何最大限度地尊重自己和他人生命的本质，放下小我的运作，看见自己内心真正的渴望，珍爱自己生命体验的本身。

　　作为人生故事的编导演大人，我们要大获成功，秒变地球的头号玩家，有这"制胜三宝"：有爱的剧本，必要的戏码，真实的出演。无论是你当前正在上演的剧情，还是你即将展开的剧情，你都可以从这三个要素去展开调研、观察，并做出修正。

乔宇和丽雅的人生故事

　　乔宇和丽雅是令人称羡的一对，他们有个活泼可爱的 6 岁大的

---

　　①　编导演大人：我们的信念和心态，决定了我们如何与外在的世界回应和互动。世界是我们的意识所创造出来的投影，而我们自己才是真正的投影源。正是我们创造和编写出了所有的人生剧情，所以我们是自己人生剧情的编剧、导演和主角。

儿子。就在被人们称为"七年之痒"的这年，孩子也上学了，乔宇频繁地外派出差，身边经常有一位红颜搭档的陪伴，工作上的默契让他们无话不谈。有一天丽雅无意中翻开了乔宇的手机，发现了他们不寻常的情愫，向来温柔又隐忍的丽雅并没有当场发作。

心中痛苦又不知如何跟乔宇摊牌的她，在伤心迷茫中，开始去参加一些瑜伽课程。其中有一位帅气迷人又健美的瑜伽老师，向丽雅发出了求爱的信号。不知是出于潜意识的报复心态，或是想证明自己依然有魅力，还是想得到情感上的慰藉，丽雅竟稀里糊涂地和瑜伽老师在微信上暧昧地热聊了起来。

丽雅对家里的事情不像以前那么上心了，敏感的乔宇也察觉到了，终于发现了丽雅和瑜伽老师打得火热的事情。一向强势又好面子的乔宇，第一次尝到背叛和耻辱的痛苦。他把客厅的东西砸了个稀巴烂，气呼呼地甩门而去。之后除了在孩子面前，两人还假装交流几句，双方谁也不理谁，谁也不原谅谁。两人晚上也分房睡，他们陷入了冷战，而且毫无疑问是一场持久战。

他们的人生故事，发展到这里，似乎卡住了。让我们来看看，从当前的剧情中跳脱出来，站在编导演大人的视角上，我们如何去修正这个卡住的人生故事呢？当他们在冷战中僵住，又下定不了决心是否要离婚的时候，丽雅找到了我。我决定分别和他们聊聊。我们先分析了当前的人生故事，以及这背后错综复杂的心态，从中我们寻找在更高的意义上，能带来什么样的成长机会。

我邀请他们从重新改写自己人生剧本的角度，写下各自认为一年后最好版本的剧情，尽量清晰、立体、细节地视觉化，仿佛电影一样呈现出来，然后找出共同的愿景，一起通过两人的努力，去修正接下来的剧情。

有爱的剧本

一个没有爱的剧本，先天不足，障碍四起。对于正在上演的剧情，我们往往深陷其中，无力回天。此时只能喊 Cut，先停下来，给我一分钟的时间，从剧情中跳脱出来，认真审视一下："我正在什么样的剧情里，这真的是我想要的吗？"

如果不是我想要经历的，那么对我而言，我真正想要体验的剧情应该是什么样的呢？最好玩、最和谐、最喜悦、最高频的版本，前提一定是有爱的剧本。心中有爱，方能无碍。

乔宇认识到，他之所以会和红颜搭档越走越近，是因为丽雅生完孩子后，重心转移到孩子身上，忽略了对他的关注和支持。回家后两人谈论的话题，整天都是孩子，孩子，孩子。而乔宇正处于事业上升期，也很想丽雅能够关心自己事业上的发展。丽雅全职带小孩后，对职场上的事情也提不起兴趣，乔宇聊起工作上的事情，丽雅也无法给出建设性的意见。而在红颜搭档那里，乔宇不仅能得到很多的建议、实质的帮助，两人还有共同的兴趣和关注的话题。然而这个红颜搭档也已经成家，也并不想离开自己的家庭。

乔宇认识到，与丽雅愈行愈远自己也有过错，他应该首先为自己的行为负起责任。那么他是希望和在事业上能够结伴前行的红颜搭档继续保持亲密的关系，还是去修正当前的剧本呢？让我们来看看乔宇列出的一年后《有爱的剧本》：

"乔宇和丽雅，正躺在巴厘岛的沙滩上度假，他们躺在白色的沙滩椅子上，有说有笑，还喝着菠萝汁。丽雅染了一头一直很想尝试的金栗色的长发，手指涂了很精致的湖蓝色的指甲油，还穿起她买了很久的那条有着太阳花图案的沙滩长裙。丽雅戴着她自己设计的时尚又夺目的金字塔造型耳环，还有一条由几何图形的金属配饰加白色珍珠串成的项链，想到她现在设计的各种饰品，受到了很多白领的喜爱，嘴角扬起了自信而充满魅力的微笑。

"两人谈论着乔宇的新项目，丽雅对规划图画出了很多标注，给了很多精准而有建设性的提议，乔宇大为欣赏。而远处，乔宇的父母正陪着孩子在练习简单的浮潜。一家人度过了难忘的旅程。"

在我们的沟通后丽雅认识到，自己当初很害怕6岁的孩子会失去父亲，在一个破碎的家庭中长大，于是没有勇气去面对乔宇的婚外情，并做出正面的沟通。她虽然选择了逃避，但心有不甘的她，既想寻求情感的慰藉，也想证明自己魅力依然。丽雅认识到，因为害怕离婚，害怕孩子会在破碎的家庭中长大，害怕自己几年没有工作失去乔宇的话未来怎么办，而所做出的后续行动，都是基于恐惧，而不是基于爱出发的。丽雅也重新改写了《有爱的剧本》，让我惊讶的是，她写了两个。

版本 1：

一年后，丽雅独自带着孩子生活，岁月静好，她请了一个贴心的阿姨，照顾好家里的生活。她开了一个精品饰品店，经常为客人淘到称心如意的饰品。她继续练习瑜伽，瑜伽老师也常来接送她收店，但是他们并没有正式走在一起。（在这个剧本里，丽雅对乔宇只字未提）

在版本 1 里，我请丽雅作为编导演大人，去看看乔宇怎么样了？丽雅说在这个剧本里，她看不见乔宇后来的样子。我开玩笑说，编导演大人，你这是把乔宇给"写死了"是吗？她哈哈大笑起来。

版本 2：

丽雅走在巴黎的香榭丽舍街道上，这次她担任设计师的公司派她来巴黎出席活动。她已经有了几款代表作，也收获了很多爱美人士的认可。她接到了乔宇的电话，知道孩子已经睡了，一切都好。一想到自己的创意和梦想正在一步步实现，心中踏实无比。一想到来自乔宇的鼓励和支持，也感觉到很有力量。此刻的丽雅，越发坚定而有力量。

在版本 2 里，我请丽雅作为编导演大人，去看看乔宇的事业如何，以及乔宇的父母怎么样了，他们会去度假吗？丽雅顺着这个剧本，她看见乔宇也被赋予更多的权限，负责一个新项目，因为两人在事业上更加忙碌了些，于是自己也主动提出来请乔宇的父母搬来帮忙照顾孩子。而春节的时候，全家都决定去马丘比丘度假。OMG，马丘比丘！我问丽雅，不是应该去巴厘岛吗？丽雅愣了一下："啊哈哈，巴厘岛本来是我们结婚时就计划去的，不过看了旅游杂志后，我改主意了。"

于是我帮他们比对了一下各自的剧本，我们一起分析有哪些是共同的愿景，接下来我们就要共同探讨出必要的戏码有哪些了。

必要的戏码

乔宇对丽雅在版本 1 完全没有提及自己，表示抗议："竟然把我写死了，琼瑶剧也没有你这么狠啊！我们 7 年的感情，是说没就没了吗？我都已经承认了，是我有错在先，也决定要修正自己，并和你开始全新的生活了。"

丽雅也辩解道："我们两个错误的性质和程度能一样吗？我只是微信聊天，一想到就这样跟你和解了，原谅你了，我不是吃亏了吗？如果错多错少，最终都是原谅和解了，那错少的不是亏了?!"

我立刻喊停：丽雅，错多错少都是经历，经历是为了创造出一个故事情境，让你们学习到各自的课题。你们这次的课题是关于证明自己是对的，证明自己是值得被爱的，甚至不惜通过惩罚和仇恨来证明。而现在你们已经意识到这个剧情的存在，就可以带着觉知去改写出新的有爱的剧本。讨论出你们共同的愿景，辨识出那些必要的戏码。

当我们三个人讨论之后，我们分析出，乔宇和丽雅共同的愿景是：乔宇的事业有较好的发展，被委任新的项目，丽雅在设计上的天赋也开始崭露头角，父母被接来照顾孩子，全家还一起去国外度假，其乐融融。

当共同的愿景清晰之后，必要的戏码就是服务于这个彼此共同愿景的那些事情，就是能够支持到这个愿景精准显化的那些事情。而不能服务于、支持于共同愿景的事情，都属于不必要的戏码。你可以在行动之前，很清晰地做出判断和选择。

比如，在这个愿景中，乔宇跟红颜搭档过于亲密的交往，或许能服务于自己对于两性情感及关系的好奇，服务于自己身体的欲望，但是不能服务于他内心真正的愿景，反而可能因两人的关系曝光令自己前途灰暗，家庭破裂。那么这段亲密关系，就不是必要的戏码。

带着清晰的意图，带着坚韧的勇气，带着对身边每一个生命真正的关怀、仁慈和同理心，朝向内心真正的愿景，我们觉知，我们看见，我们修正。

真实的出演

一旦改写了有爱的剧本，也确立了必要的戏码，剩下的就是真实地出演。无论你的目的地是去向哪里，真实，是唯一一条最简单、最纯粹、最快速的道路，是唯一一条不用走弯路的路。真实，就是不绕弯路；真实，就是阻力最小的道路；真实，就是做你自己。

举例：乔宇在出演他们最新改写的有爱剧本时，如果他不能真实地出演，又继续留恋与对方痴缠而刺激的感觉，为了继续保持这个关系，他只能做足更严密的保密工作，撒更多的谎，说更多离真实越来越远的话。一个人越能够真实而活，反而越轻松自在，越心无挂碍。

在我们的隐私和个人空间里，有多少事情不是基于有爱的剧本正在发生的？当我们把狭隘的个人的情爱，扩展到更广义的爱时，会伤害任何有情生命的事情，都不是最有爱的剧本；任何没有基于对所有生命的仁慈和同理心而出发的事情，都不是最有爱的剧本。

在我们的每天的生活里，在我们每一个起心动念里，有多少事情不是必要的戏码呢？那些基于恐惧而出发的事情，那些基于竞争和分离出发的行为，那些基于满足小我、证明自己的行为，对你而言，都可以多问自己一遍，确认这是我当前必要的戏码吗？即便从中依然有你所学习的课题，也要保持觉知地经历整个过程。

再反观我们每一个人，我们真实地本色地出演了吗？在你最最亲密的伴侣面前，你的手机是否设置了密码锁？当你把每一封邮件、每一条聊天记录都对亲密伴侣完全展开时，会发生什么呢？在这里，我们并不是要放弃个人的隐私和空间，而是站在一个更高的视角去思考，我们每天的每一个行为、每一个选择，都是必要的戏码吗？都是真实的出演吗？

当经过了这一条对自己的深刻考问之后，你会更能够排除掉那些消耗了你的能量和精力，把自己拖入一些莫名其妙的剧情之中，甚至是正在伤害着其他的有情生命的事情。

当经过了这一条对自己的深刻考问之后，你能够更加聚焦在学习和服务这两件最重要的事情上。作为自己人生的编导演大人，你改写出有爱的剧本，选择必要的戏码，真实地出演。一方面，始终聚焦于自己向内的学习、探索和成长：无论当前的情境是什么，站在更高的视角上，保持深刻的觉知，从中辨识出当前学习的课题，获得成长的礼物。另一方面，始终关注自己向外的服务、拓展、互动：我们所有的学习成长是为了更好地向世界分享自己，就像我们本身就是宇宙给予这个世界最美好的礼物，我们本身就是父母亲献给这个世界最珍贵的礼物，我们向世界提供承载着自己独特天赋的那些服务，从服务他人，服务世界中，我们又进一步获得学习和成长。

　　向内的学习探索，向外的拓展服务，构成了我们生命向上螺旋进化的道路。我们从与所有人事物的互动中移动自己，我们从移动中学习平衡，从移动和平衡中不断进化。移动，平衡，进化，就是生命成长的三个重要的关键词。

　　而有爱的剧本，必要的戏码，真实的出演，能让我们排除掉能量上的干扰，真正聚焦于学习和服务，真正聚焦于自己生命的成长，专注于向世界分享着自己独特的天赋、美好的品质，以及承载着你天赋和品质的、专属于你所提供的服务。

　　在这个世界上，一定有些服务，由你来做是最好的，由你来表达是独一无二的，由你来承载是给人欢喜的，由你来担当是给人力量的。辨识出这样的服务，给予这样的服务，你便表达出了天赋，也实现了自己的梦想。那个，就是你的道路。

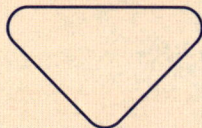

第五章

觉察与修正

"思维最大的创造性在于，

它永远都有能力，

让一切发生

对你只带来正面影响。"

NO.1
知见三层次

知见有三个层次：无知执见、正知正见、真知灼见。

第一个阶段：无知执见。这个阶段思维出于各种无意识之中，被小我拖着走。无论头脑的思维（小我）看起来多么聪明，实际上却是处于混沌、无明、模糊的无意识状态，才会导致了世间所有的战争、抢夺、纠纷、竞争、分离、病痛和苦难，还有内心各种不同程度的痛苦和创伤，这些无一不是小我的杰作。

我们对事物的看法有各种的偏颇和执着，我们总认为自己的看法、观点、建议是正确的，最对的。对于很多我们不理解的事物，也保持自己的偏见和预设。对事情的结果，也往往执着于某个特定的结果。我们经常会说这个"应该"怎样怎样、那个"不应该"怎样怎样。应该和不应该本身就是执见。佛教中所说的"无明""我执"便是大多数人所处的思维状态。

第二个阶段：正知正见。我们不断努力地学习、精进和修行，培育出更多的爱、慈悲、正义和良善，树立起了非常正面积极的知见。这个阶段的正知正见，还是能感受到"自我感"的强化和价值的，也是基于二元的视角。这个阶段，我们辨识出了一切负向的知见，并坚决地摈弃了它们，同时又把世间所有美好、积极、正面的知见都筛选了出来，组装到我们的心智之中。如同古往今来的圣贤们一样，用正知正见行走世间，乐善好施，挥洒爱与光，赢得了世人的尊重和赞叹。在这个阶段，有了正知正见，并且践行它，遵循因果法则，我们会体验到更多的快乐和成功，内心也常有喜悦和富足。我们也可能会更多地体验到爱与合一等美妙的意识状态，除了对宇宙真相的彻底了悟。

"大道废，有仁义。"——《道德经》

第三个阶段：真知灼见。正如《道德经》所言，大道被废弃了，才有提倡仁义的需要。我们在第二阶段所有的正知正见，这些被强调、教育和倡导的真善美爱、道德仁义，所有的正面与美好，都是因为大道本身被废弃了，人们与大道渐行渐远，这些正知正见才需要被强调、教育和倡导。如果人们近于大道，融于大道，自然就会有照见万事万物真相的"真知灼见"升起。

真知灼见，就是宇宙的真相，万事万物的真理，是一切的本质，是所有生命的本来面目，是一切存在的如其所是。真知灼见，是超越二元的。就像太极图中，有阴阳两面，而真知灼见就像外围的大圆，把二元的知见（正向和负向）都消融其中了。它就是终极的真理，所有面向的知见最终归于一。

真知灼见是那种简化到没有办法再简化的，最最简单的终极真理。终极真理，意味着在任何条件下都成立，用于任何事物都成立。比方说，"因果法则"，套用到任何条件、任何对象上都成立，你找不到一个特例可以推翻因果法则。而比如"爱自己"，如果你用到一个整天为了家庭付出而自我牺牲，不顾自己身体垮掉了都还在奉献的人，对她来说，这就是"正知正见"。但是如果对于一个花心浪子，彻夜不归，根本不把老婆孩子放在心上的负心汉来说，你还让他更"爱自己"，他反而更不懂如何学会担当和责任。换句话说，真知灼见永远是与道相合的，而正知正见更像是"法"，法无定法，应机善巧而运用，要视具体的情况而定。

再比如，开战的两个国家，往往在我方立场上都有一个"正义"的理由，才得到各自的有识之士的拥护和英勇奋战。比如一国是因为激增的人口，需要更多的土地和粮食，眼下国内数省都闹起了饥荒，人民流离失所，只好征战邻国以保国人存活，在这方的立场上，通常被本国人们视为是正义的，或情有可原的无奈之举。而邻国呢，保家卫国自然不在话下，只好拼死守住国土，在这方来说，应战也被自己视为正义的。

正知正见，也会受到人们集体意识中的普世价值观的影响。随着时代、国家、风土人情的不同，同一个行为在不同年代，地域，背景，家族，都会有不同的标准。例如两千年前，为你家中的奴仆婚配，可能被视为感恩戴德的有爱之举，搁现在就有问题了。我们对于什么行为是仁慈、良善、正义的，这个知见本身是会变化的。

而真知灼见，如同定法，恒定不变。如果我们能拨开事物表面的层层幻象，直击本质，了悟真相，你就已经回归中道了。而要达到第三个阶段，古往今来所有的修行方法都揭示的是殊途同归的同一条道路，就是"觉察"。无论你练习的是瑜伽、冥想、静心、正念、禅修、唱诵、打坐、内观等，所有方法的核心都是"觉察"：保持觉知。透过观照、看见、感受、发展定静、保持觉知，才能最终跳脱二元对立的幻象，恒久地沐浴在临在之光里。

NO.2
同归方寸，唯有觉察

> "百千法门，同归方寸。"

——禅宗四祖道信

纵览目前世界上的各种心灵提升的派系和方法，不同的体系和传承，却有着相同的核心。这个相同的核心，就是不断深入地练习"觉知"和"观照"我们的内在世界，内外如一，在圆满内部的和谐平衡，完成内部的慈悲与智慧的发展之下，映射内在世界的外在创造实相也能随之改变。所有的百千法门，殊途同归的方法，就是通过练习觉察，持续观照和觉知念头，进而回归心源。

我们可以通过练习身体的体式和呼吸，觉察气、脉轮和能量。我们可以通过声音的唱诵或持咒，觉察到振动和频率。我们可以通过禅修、打坐和冥想，觉察到自己内心的世界。我们通过任何形式的练习，无论是身心灵的方法，或是你正在练习的艺术、音乐、绘画、舞蹈等任何的方式或载体，都能够深入练习"觉察"。除此之外，觉察力的发展还帮助很多精英领袖实现成功的愿景。

　　我对乔布斯办公室的照片印象深刻，两百多平方米的办公室，里面几乎是空的，一盏落地台灯，几本书，一张打坐垫。如果有要选择的设计方案或文稿，他会放在打坐垫的周围，然后在禅定的状态中做出重要决策。他在持续不断精进的冥想和禅修中，发展了极强的觉察力。后来他所设计的极简的苹果手机，也正是反映了他的内在世界。

　　正如前文所提到的，一手缔造了两个世界 500 强的稻盛和夫，1997 年在他 65 岁之际，选择在圆福寺出家修行了七个月，当时他说："因为我向来把纯化和净化人的心灵看成人生的目的和意义。"在经营管理上，稻盛先生也提到："我们会在哲学方面花掉培训 60% 至 70% 的精力。我们非常关注干部的修身，公司在全世界各个地区都非常重视对京瓷哲学的研修。"正是因为多年来，对自己的修身与觉察力的精进练习，2010 年在政府恳请下，稻盛以 78 岁高龄，零薪水带领面临破产的日航时，仅仅花了六个月就扭亏为盈，创造了一个新的神话。

　　而"股神"巴菲特的第一投资原则是"独立思考和内心的平静"。内心的平静，正是持续练习觉察所能达到的状态。还有高盛董事会委员威廉姆·乔治，已练习冥想近 40 年。越是从事需要精准的直觉力，来预知预判市场走势或是发现商机和好项目的工作，越是需要精准的感知力，来筛选出靠谱的人才团队的工作，无一不需要培养觉察的能力。

日本"经营之神"松下幸之助在 95 岁时说，"像我这样才能的人在这个世界上比比皆是，我之所以能成功，其中关键一点就是对禅的领悟"。对禅的领悟，正是反复地"观照"与"觉知"，持续地练习"觉察"。这个能力就仿佛是一切其他能力的基础。

让我们看看在世界范围内，还有哪些机构已经开始在培养这个基础能力了。西点军校，也将冥想设为专门的课程。在教育界，哈佛商学院在领导力课程中加入正念练习的内容。在硅谷，谷歌为上千名员工开设正念培训。在世界 500 强企业，通用磨坊、宝洁、eBay 等为员工提供了静心冥想的硬件设施。比尔·福特（福特汽车）、瑞克·葛因斯（特百惠）等 CEO 对冥想都大力推崇。

仔细想想，这也不无道理。当前的消费升级，从最初消费者重视的是刚需复购、高性价比的产品，到现在消费者越来越注重心理诉求和感性诉求。性价比是可复制的，高品质也是可复制的，而好体验才能满足用户的心理需求，好品牌才能满足用户的感性需求。而这两者都是需要有极高觉察力的团队，才能细腻精准地予以洞悉和把握，才能真正满足未来商业和用户的需求。

而我自己多年来练习觉察也成效显著，觉察彻底改变了我的生活。大到战略的定位，商业模式的设计，品牌的建立，人才的选用；小到文案的编辑，策划的创意，设计的配色，价格的制定。你越能深刻地觉察，越能做出精准而有效益的选择。你越能深刻地觉察，越能从很用力却烧脑又费心的聪明创造，迈向那毫不费力的智慧心流。

那么这两种不同的创造，是怎么运作的呢？让我通过自己的故事来帮助大家理解这两种不同的状态吧。

NO.3
毫不费力的智慧心流

　　2010 年，我创办了 8090 鲜萃茶，正赶上了奶茶行业的飞速崛起，我切身感受到飞在风口上的感觉。每天都有大量的意向客户涌来咨询，而负责市场开拓的却只有包含我在内的 3 个人。我们很奋力地做事，每天像打了鸡血一样，一个个的咨询电话，一拨拨的客户接待洽谈，能在饭点吃上饭成了很奢侈的事情。天哪！三年里，我们连续开了 1100 多家连锁店。当我们处在快速发展和巨额盈利的阶段时，很多问题并不会在这个时候凸显出来，大家都忙着签店开店，忙着分红和发奖金。当这个疯狂的风口过去了，一切归于理性的市场竞争时，我们才开始着手去打造深化企业内部的运营和管理。当然这个品牌经历了 9 年的发展和创新，今天依然有不俗的市场表现。

　　后来我才明白，那个阶段，我处在很用力很拼命地要把事情牢牢做好的"聪明创造"的过程。聪明创造，赶上风口的时候，也有非常大的力量，获得很好的发展。但是现在回想起来，这个过程还是烧脑又费心的。很用力的聪明创造，虽然能取得成果，但往往是以牺牲身体的健康、陪伴家人的时间、亲密伴侣间的关系、自我长远的成长等为代价的。那时候我经常熬夜加班，也没有时间去充电学习，情绪不稳也常感到心塞，能量和精力更是一年不如一年。

后来我学习了瑜伽、禅修等东西方不同体系的练习方法，也坚持每天不断地练习觉察。经过了数年的智慧学习成长，我越来越能够进入毫不费力的智慧心流的创造，我称之为"走心创造"。当今年开创墨尔大学的时候，我只想到有两个人最适合一起来做这件有意义的事情，陶虹和红月，很快她们便都成了墨尔大学的联合创始人。我们在两周的时间里，就成功邀约了来自全球的 54 位智慧导师，组建了数十人的初创团队，找到了适合一起推广合作的几十家公众号平台。

我记得以前创办 8090、澜亭里、美康辰的时候，我都要列出数十个商标，交给律所去排查，哪个是没有注册在先和重名的。你知道现在要找到 3 个汉字以内又没重名的好商标，概率已经非常低了。但这次当我想要 3 个字以内的商标时，我闭上眼睛，浮现出来的两个字，就是"墨尔"，最后果然顺利地注册下来了。墨是文房四宝之一，代表知识，尔是"你"的意思，墨尔——为你而来的知识。

再后来，我们所设定的每个月度的发展目标，都一个个顺利地达成了。短短 4 个月，便在数十个城市有了合伙人，建立了城市分社。每一个板块所需的团队人才，就像磁铁一样被吸引而来，并且总是在最合适的时间点精准地到位。有很多的导师及平台，都主动推荐和分享墨尔，也为我们主动地推荐明年的智慧导师。有位深圳的同学，听了现场大课后，预购了 1000 个年度学习计划，准备分享给身边的人。广州东塔的负责人，也把位于世界第五高楼的天空书房，提供给我们合作举办每月一期的"墨读会"。更有 300 多位学员申请成为志愿者，经常有打着"飞的"来服务的志愿者，出现在课程中。过去一年里，我们已为数百万人次的课程学习和生命成长，提供了服务和支持。

这样的事情还发生了很多。总之，这与我过往很用力的聪明创造是完全不同的感受。仿佛你处在一条创造的巨大河流中，你没有用心去做什么，一切都是智能的良好运转，你只是保持着觉察，配合这股创造河流的节奏与之共舞。你决定只是带着觉察，去更深入再深入地观察和看见所有的发生，并为关联其中的所有人事物提供全然的支持。

你打开智慧的心眼，觉察你能为每一个人提供的最好的支持是什么，觉察你能为每一件事带来的最好的优化是什么，觉察你能为周遭提供的精准而恰恰好的服务和支持是什么。是的，恰恰好。没有一件事情是你做多余了的，没有一个人遇见你是带给你无意义的经历的。

在毫不费力的智慧心流中，你是舒服、自在而欢喜的；所有的互动关系是顺畅、和谐而平衡的，彼此是相互滋养和成就的；一切的创造都是流畅、简洁、精准、有效、恰到好处的。

那么我们如何练习并运用深刻的觉察力，进入走心创造的状态呢？

NO.4
过有觉知的生活，只是 seeing

"如果，我们的心对准了天空，我们便看不到大地；

如果，我们的心对准了岩石，我们便看不到花朵；

如果，我们的心对准了过去，我们便看不清现在、未来。"

——蔡志忠

当你专注低头看书，你就看不到窗外的风景；当你专注看窗外的风景，你就看不到手机上的短信。这就是我们意识的关注点，而能量就随心而动去投注到我们心之所指的地方。能量运作的奥秘就在于，心是属于当下的，而头脑和小我，却常以恐惧和分离的幻象，把你带离当下。你常常没有办法带着全然的觉知，心无杂念地专注做好眼前的这一件事情。

当你能全然忘我地进入走心创造时，你的能量聚焦在你的创作上，灵感和创意会喷涌而出，酣畅淋漓。而心在当下所指向的地方，就是此时此地。进入走心创造时，你的能量一定是聚焦于此时此地，聚焦于就在此时此地的唯一的那一件事情，全然地专注，忘我地沉醉。很多伟大的艺术作品，震撼人心的创作和设计，都是在这样的状态下产生的。

我们意识的本质其实就是自我觉察，觉察的练习越深入，直觉力和感知力就会越强，精准度越高。练习觉察的目的，是过有觉知的生活。当你保持着这份觉知，你更能有意识地选择体验正向而美好的生命旅程。

| 觉察 | 真实、不评判、零阻抗的"看见"（观察者） | 修正 | 必要、及时、仁慈的修正（行动者） |

觉察：真实、不评判、零阻抗的"看见" —— （观察者）

我们每个人都是一个生命的体验者，每天不断经历着生活中各种各样的事件。

觉察，就是除了你作为生命的体验者在经历这件事情的同时，你另外还有一个观察者的角度。当你在经历生命的过程时，这个观察者始终保持着觉知，并在旁边"看见"一切的经历和发生。

观察者，它只是纯粹地看见和照见自己，不断地 seeing。这个观察者的角色，必须是真实地观察着你自己，而且仅仅只是观察，如同一面高清的镜子，完整而真实地照见自己，完整而真实地照见一切。无论你的心念是利己还是利他，无论你的心念是出于恐惧还是爱，无论你的心是灰暗还是光明，它只是如实地照见，而已。

观察者，它从不评判，它不会为你做任何事情，诸如给出判断，下定义，贴标签，告诉你这样做是对了还是错了。它从不指手画脚，也不会告诉你应该怎么做才是对你最有利的。相反，那个不断给出评判，告诉你好坏对错，并对你指手画脚、发号施令的，是我们最忙碌的头脑和小我。观察者不同于头脑，它只是意识对自己最纯然的自我觉察，它只是我们自己在观察着自己的过程，它只是观察，它只是照见，它只是觉知，它只是 seeing。

因为观察者的角色，从不评判，从不干涉，所以它对你所有正在体验的经历来说，是零阻抗的。观察者不会干扰你，不会阻挠你，也不会教唆你去抗拒当前的情境。

阻抗的力量，来自头脑中的小我。当我们掉在坑里的时候，如果小我的阻抗很大，你脑海里负面的声音，会变得很刺耳和响亮，眼前的这个事情要通过就变得很困难。当阻抗很大时，你不愿意移动，不愿意达成和解，会在这个事情上消耗很久，自己和自己过不去，自己和别人也没完。

而当你一旦认出了小我的声音，那些让你坐着过山车和掉在坑里的声音，你觉察和辨识出了它们，就好办了，把负面的音量调小直至关掉。只要关掉小我的声音，就能听见并回应每一声来自你灵魂深处的召唤。你只听观察者的声音，它不会在旁边煽风点火、幸灾乐祸，它不会制造大量的阻抗，让事情难以通过。你只听观察者的声音，然后邀请"修正"上场，这个后面我们会谈及。

当你觉察，你就能感受到意识的力量。持续练习专注而深刻的觉察力，就如同意识的炼金术般。意识的力量越来越聚焦，犹如999千足金，越来越纯粹；犹如聚拢的一束激光，越来越有无坚不摧的力量，因足够聚焦甚至能够击穿钢铁，甚至能够打磨最坚硬的钻石。

觉察，就是看见你的看见，感受你的感受。

当你深入练习觉察，到达一定的深刻程度后，你能保持觉知，随时与心中的良知相校准，随时与整体的最佳利益相校准，随时与所有有情生命的福祉相校准，随时与道相校准，随时与宇宙的法则相校准，随时与创造的本源相校准。由此，你的觉察已经细致入微，进入了与天地万物相共情的深厚境地。由此，这份深刻的觉察，将会培育出你宽广的耐心和同理心，而那份基于同理和共情的更为深沉的慈悲，亦随之而来。

NO.5
工具箱里的珍宝

觉察的两个向度：聚焦与散焦

觉察的练习方法，核心来说就是看见，观照，只是 seeing。但是具体实施的时候，我发展出两个向度，简单实用，同时又能帮你看清事物的细节与全貌。

第一个向度：聚焦，聚焦于细节

你所使用的工具是：放大镜。无论你观察任何事物，想象你手上拿着一个放大镜，对于事物的每一个细节，逐个扫描一遍。你可以放大 5 倍，如果还看不清，就放大到 10 倍、20 倍。把物品的前后左右各个细节，把事件的前因后果全部逐段回放一遍，把人物的每一个表情、动作、语气都放大 10 倍来回放，细细地感受一遍。尽量生动、立体、全面，栩栩如生。

第二个向度：散焦，散焦于全貌

你所使用的工具是：竹蜻蜓。还是刚才的这些事物，聚焦扫描过后，你头上的竹蜻蜓开始旋转把你带离地面，飞到事物的上空，让你在足够的高度能看清整个事物或活动的全貌，比如客厅、会场、办公室的上空，如果是一个物品，可以飞到放置物品的桌子上方等。如果是一个事件，可以飞到整个空间的上方，看清活动的全貌，看看活动动态的过程和走势。如果看到其中某块的细节不清晰，可以继续配合使用放大镜再放大这个部分的细节，确保你的觉察是全息的影像，360度翻转时空，无一遗漏。

对于所有的人事物，你都可以结合运用这两个向度，聚焦和散焦，使用你的放大镜和竹蜻蜓。练习一段时间之后，你不需要工具，已经能很好地感知到事物的细节和全貌，甚至是接下来的走势。无论是直觉力和感知力的精准度都会得到发展，对于你的事业和创造、人际关系都有很好的实操效果。

觉察呼吸练习

不同传承的修行方法，都非常重视有觉知的呼吸。在德文中atmen 指的是呼吸，是从古印度文（梵文）atman 而来，它指的是内在常驻的圣灵或内在的神。呼吸是可以把你带回与内在本源相连接的桥梁。

练习觉察最好的方法，就是觉察呼吸。这是一个时刻都能做的练习，关注自己的一呼一吸，觉知吸气和吐气的过程，感受胸腔与腹部的起伏。

在任何你紧张或不舒服的时候，闭上双眼，只是纯粹的放松，做悠长的深呼吸，专注去感受自己的一呼一吸，就能再次把自己带回觉知之中。在觉察自己呼吸的过程中，我注意到在一呼一吸之间，那个屏息停顿时的空隙，其实是一个重要的关键。因此探索出一个练习方法，可以在白天或者睡前练习，能更好地将你带到临在的觉知之中。

临在 123 呼吸法：

1. 全身放松，仿佛完全躺在一个宁静的沙滩上。

2. 觉察你的呼吸，深深吸气时，保持均匀吸气 3 秒（心中默数 123），然后屏息 3 秒。

3. 均匀吐气 3 秒（心中默数 123），再屏息 3 秒。

4. 然后再吸气——屏息——吐气——屏息，此为一组呼吸，每个步骤都是在心中默数 123，保持 3 秒。连续做七组呼吸之后，恢复平时正常的呼吸。正常呼吸 1 分钟之后，可以再重复七组呼吸。如此连续做几个回合，可以将自己带入很放松又寂静的状态。

有觉知地回应"小我"练习方法

1. 观察念头

仔细观察自己的每一个念头，看见念头起来，落下，起来，落下。

2. 辨识小我的念头

基于恐惧，竞争，分离而来的念头，告诉你自己"不够好，不配得，不完整"的感觉"受害"的念头，告诉你让你坐着过山车想去"掌控"的那些念头。

3. 看到自己坐上了过山车，或掉进了坑里，只是看着，保持觉知地去做出自己有意识的选择，看是否要回应、以及如何回应"小我"的任何声音。尽量去敞开接纳，如果眼前的情境你实在不想接纳，就接纳自己的不接纳，看看接下来会发生什么。

接纳练习

觉察修正通常有这两种路径：

A. 第一步，接纳；第二步，接纳；第三步，还是接纳。

这条是最快的道路。而小我已经被自己喂养得太彪悍强大的，看下面的 B 方案。

B. 不接纳——接纳我的不接纳——允许有新的可移动空间——允许结果自动浮现。

如果你目前面对的状况，你就是无论如何也无法宽恕和谅解，就是怎么样都过不去，就是很抗拒，就是没办法平静地接纳，那你就先接纳自己的不接纳。任何的不接纳，都行。每一次抗拒的时候，你就在内心说："来啊，放马过来啊，我就是打死都不接纳，怎样？！我就是完全地接纳自己任何的不接纳行为。"

接着你对自己不接纳的包容，会创造出一个新的可以移动的空间，不要着急，对自己有充分的耐心，当你感觉有一个必要的移动时，调整会自然发生。前提是，你真的要完全接纳自己任何的不接纳。

抗拒和不接纳，就像你选择不跑过赛道，不走过赛道，非要用爬的，或来回滚的，甚至背上还背着上个月拉过的臭臭，一边爬还一边拿砖头对自己的脑袋砸个不停。这还真不是玩笑，那些一直在抗拒的体验中，自我折磨和惩罚别人的人，比起上面的描述所受到的苦也不会减少多少。

有个好消息就是，其实你永远都不会被给予超出你真正实力和承受能力的考验。即便碰到"屋漏偏逢连夜雨"的悲壮关卡，也要保有耐心和冷静，看看如何尽力去应对挑战和成功闯关。无论你的不接纳是以上哪种，都没关系，就是完全接纳自己的不接纳。允许自己哪怕像蜗牛一样慢，也要走完全程，嘿，这不是一个比赛——你永远不会输的，没有谁是第二名。

打地鼠

当辨识出来自小我的念头时，跟它说："哈，我看见你了！"然后把它当成冒上来的地鼠，一锤子把它捶回去。

捶回去并不是压抑或抗拒小我，而是指我看见它了，我允许它升起落下，但是我不再喂养它了，不再回应它了。

放飞气球

当辨识出来自小我的念头时，把它装进彩色的气球里。你可以从五颜六色的气球中，每次挑选你当下最喜欢的颜色。装好以后就用剪刀剪断手里的线，把气球放飞到天空中，看着它远去直到消失。

一旦心里有卡住的事情，可以反复多做几次这个放飞的练习，直到你再想起这件事情时，内心感到平静与和解。

如果这个事情对你来说，特别难以释怀，小气球装不下你的大烦恼时，就上个升级版的热气球，把你那重重的特大号烦恼装载上去，点燃这个热气球，放飞到遥远的外太空吧！

"守心轮" 练习

我们意识的关注点是可以上下移动的。现在请你闭上眼睛，你向前看，能够感觉到双眼的眼球；你向上看，能感觉到自己的头顶；你向后看，能够感觉到自己的后脑勺。在未经训练的情况下，你意识的关注点会停留在大脑中央，大约在松果体的位置。

现在你再次闭上眼睛，练习把意识的关注点移动到右腿的膝盖上。此时，你向下看，能感觉到右小腿的腿骨；你向上看，能感觉到右大腿。

现在你再次闭上眼睛，练习把意识的关注点移动到心轮的位置。从这个点，你向下看，能感觉到太阳神经丛；你向上看，能感觉到自己的胸腔。

守心轮的练习，则是每天有意识地把关注点放在心轮的位置。从心轮的位置，你感觉到左边是你的左手，右边是你的右手。从这个位置出发，去开展你所有的创作。当你开口说话之前，也先校准一下，自己的意识是否放在了心轮上。

"我思故我在。"思，就是心田。我们的思想，我们的意识关注点，牢牢地守住心轮。我们一切的互动联结，我们所有的创作和服务，都会从万物一体的心出发。我们的心知道一切的实相，我们的心知晓爱与合一的真理。深入练习之后，你很难再做出那些只是对你自己好，而对别人不好的事情。你很难给出那些只是对你自己有利，而对别人不利的产品和服务。

我们的心热爱着美丽的地球母亲，我们的心尊重着每一个生命的神奇，我们的心享受着对探索世界的天真与好奇，我们的心遵循着宇宙运转的法则和规律，我们的心乐见着创造的无限可能性。我们的心彼此敞开、互动、联结与分享，我们彼此丰富着人类的集体经验，并拓展着人类的集体意识，让世界的不同种族得以携手迈向真正的和平与喜乐。我们用心中的爱，滋养浇灌着彼此心田的那一朵芬芳的玫瑰。

NO.6
万事万物皆有 form

我第一次听到"修正"这个概念，是在美国视觉心像体系创办人凯瑟琳老师的课上，她为我带来本节中的诸多启发。原来在犹太教卡巴拉学派的知识中，有一个概念非常重要，就是希伯来文וקית（发音 tikun），就是"修正"。与修正相对应的，还有一个词就是 form，即现在的信息和资讯的英文单词 information 的词根"form"，意指事物的形式、形状、模式。

当我们在有形世界中游戏与创造时，这个有形有相的世界，万事万物都有特定的形式、形状、模式，都有自己独特的"form"。而我们所要积极主动修正的就是万事万物的"form"，而不是被动的某种特定的"form"，局限在一个陈旧的剧情之中，无法自由流动。受这个启发后，我开始把过去数年在深刻觉察上的发展，与对人事物的立即修正，融合起来探索运用，并最终形成一套将临在智慧落地实用的有效方法，一如本书的部分内容。

当你发展了深刻的觉察力，就能看清当前人事物所呈现的模式和样貌（form）。而修正就是主动从我们内在的世界，修正外在世界所呈现出来的人事物的形象与模式。所有的发生，都是在各种关系的能量互动中被创造出来的。两两之间所经历的一切，都是先在各自的心中有了特定的 form，随之在物质世界看见相应投射出来的实相。就如同投影源和屏幕上的影像画面之间的关系，要修正在屏幕上演的画面，就得从投影源那里入手更为根本。而投影源所认定的 form，都是由自己内心的信念所认定的模式，是可以被觉察和修正的。

凯瑟琳老师曾提到一个醉汉打女儿的例子：她举起了两只手，一边握成了拳头，一边把手掌摊开再做凹陷状。拳头的 form 象征醉汉的模式，凹陷手掌的 form 象征被打的女儿。当拳头一下下击打在凹陷的手掌上时，这两个 form 的形状是刚好匹配契合的。如果凹陷手掌的 form 变成不再凹陷的形状——一个伸直摊开的手掌，那么拳头那方的 form 也会相应地变成一个伸直摊开的手掌，把两个手掌合在一起，这就是这段互动关系新的 form。当时老师用简短的几句话描述这个例子，为了帮助大家更好地理解，我重新编织和分析了这个故事。

醉汉爸爸暴打女儿

有个醉汉，妻子跟别的男人私奔了，于是他伤心不已，经常借酒消愁，并且在酩酊大醉之后，回家就对三个年幼的女儿一顿暴打，以此出气。"醉汉爸爸暴打女儿"，这是一个有特定的 form 的故事剧情。故事剧情中的每个人，都有一个内在的共振的 form，共振的 form 是相互吸引、相互需要、相互成就，才能让这个生活情景得以发生。

　　表面上看起来，醉汉爸爸是个无意识的迫害者，三个无辜可怜的女儿是被迫和无能为力的受害者。深层而言，迫害者与受害者双方的内在，都已经先有了一个契合共振的 form，如同拳头的形状刚好与凹陷手掌的形状相匹配。而扮演受害者的一方，能量场的 form 通常是向内收缩，甚至严重者是坍塌的，扮演迫害者或拯救者的一方，能量场的 form 通常是向外扩张的，仿佛随时可以侵占别人的能量领地一般。要改变生活中实际上演的剧情，就要从内心的 form 入手去调整信念和画面。

　　后来故事中这家的大女儿，开始有意识地觉察到家中重复上演的这个模式——"醉汉爸爸暴打女儿"，她开始寻找和辨识出自己内心的 form："我有个野蛮暴力的爸爸，狠心的妈妈弃他而去，被抛弃的他非常可怜。即使他二话不说把我暴打一顿，也是情有可原的。我理应承接妈妈的过错，为照顾好爸爸和家庭做出牺牲，我应该去承接和分担爸爸的伤痛。"

　　当大女儿有意识地觉察到自己的内在模式之后，就要把凹陷坍缩的能量场域，以及内心世界的 form 修正为健康正常和有活力的，不会受到攻击的模式。所以她要明确自己和父亲应该如何改善，要建立起什么样的互动关系，才是和谐健康的画面。她想要看见的画面是这样的："我更加独立自强，在学业上的专注取得很好的成果，把两个妹妹也带动得很好，我们受到了父亲的尊重和喜爱。父亲也从阴影中走出来，不再酗酒。一家人其乐融融。"

当她确信自己要的画面就是这个，允许一个可以移动的空间存在，让改变得以发生，因为时间的滞后性，所以要保持耐心。无论现实中父亲在接下来的一个月内是否还继续打人，都先把自己能做到的部分，以立即行动去修正了。于是她的能量场渐渐填充和放大了起来，恢复到活力充沛的程度。终于有一天，父亲再次醉醺醺回到家中，拳头想习惯性地挥向这个孩子的时候，他突然收了回去，他第一次看到这个孩子的眼中，有种坚不可摧的力量，仿佛神圣不可侵犯，于是悻悻地嘟囔了几句就走开了。从这个时刻开始，他们之间互动的 form 就改变了，而接下来，一系列的改变还会随之来。

觉察修正 form 的方法

第一步，闭上眼睛，进入内心世界，觉察人事物中的 form，释放背后的信念。

万事万物中皆有 form，这其实是你各种信念的呈现。每一个你不认同的模式背后，都隐藏了一个负面的限制性信念，找出它并释放掉。

第二步，找出需要有所改善的部分，明确你修正后更舒适的 form（清晰画面）。

把新的互动关系中的样貌、模式，你们彼此交谈和谐愉快的感觉，甚至是交谈或互动的内容，一起推进的具体事项，都能在内心清晰地上演一遍。把焦点放在和谐喜悦的感受上。

第三步，允许一个可以移动的空间存在，让改变得以发生，并保持耐心。

确信你要看到的画面是什么，允许有一个可以移动的空间存在，允许最好的改变自动发生，由于时间的滞后性，不要期望或限制，一定要在某个特定时间内看到特定结果。始终对过程保有耐心。因为外在实相就是内在世界的投影，先稳定踏实地改变自己的内在，至于外在的结果就妥妥地交托给宇宙的智慧去自动运作。保持耐心，始终感到安心和放心，要知道这个改变的过程，也总能符合你们各方的最佳利益，要知道自己是一定会被照顾好的。

第四步，匹配你想要创造的新画面，采取相应的行动，积极推进新实相的显化。

匹配的行动是一切的关键。从愿景到实现，其中的桥梁就是行动。你所思所想的任何事情，就要采取与之相匹配的立即行动，来积极地推进。放下抱怨和抗拒，不要做出任何继续制造问题的行动，而是牢牢锁定在解决问题的行动上。

秘诀就是：匹配你要修正的新画面，朝向解决问题的方向，立即行动，积极行动，持续行动。

NO.7
凡事皆有解决问题的最优路径

　　你当前所走的这条道路，对你而言，始终就是唯一正确的那条道路。即便你正在坐着过山车，或掉进坑里，无论你正在经历的是多么巨大的痛苦、多么俗套的剧情，当下的道路，从更深层的意义来说，都是符合你的最佳利益的正确道路。

　　而当你保持觉知，并有意识地与创造的本源相一致地去创造时，中道则是能够照顾到更大范围的整体最佳利益的道路，当然也一定首先包含了你自己的最佳利益。更重要的是，中道本身就是觉醒、回归、悟道的道路。

　　所以这只是关乎你自己学习和服务的意图的一种选择。无论你愿意待在生命体验的任何一个阶段或位置，都是你最好的道路。而你愿意融入与宇宙协同创造的那条更大的河流，则是一条更宽广的道路，它服务于更多人的福祉，也必然能服务于你更进阶的成长，也能让你收获更大的创造乐趣。

　　我自身的体会是，当你愿意保持觉察，随时与中道相校准并立即修正时，你能不断进入无限赋能的创造状态。你各种面向的天赋，犹如金字塔的不同面向，一步步向同一个顶端汇聚起来。你可能突然就学会了做复杂的 PPT、进行演讲、写高超的文案、画设计图、演唱、写书等。你站在一个更完整的天赋的顶点（原点），当你需要某个面向的天赋才华时，就能朝着那个面向延展开去，快速学习这些部分。而你各种面向的品质，也犹如拼图的不同模块，一个个向完整的一张地图收集回来。

包括你以前并没有深刻理解过的真实、慈悲、朴素、简单、耐心等品质，都在你觉察修正的过程中，一个个拼图收集回来了。并且在这些面向上，你都能深入地延展下去，把每个面向的美好品质，都提炼得越来越纯粹。

那么如何让我们所做的每一件事，都能牢牢地锁定在那条中道上？对照着生命体验的解析图，随时观照和觉察自己，什么时候坐上了过山车，什么时候掉进了坑里。当觉察到偏离中道的时候，就是修正该出场的时候。那什么会把你带离中道呢？是什么把你推下了深坑，或丢上了过山车呢？是的，只有你内在的恐惧，才有这个屡试不爽、自己折腾死自己的本事。

要知道，其实恐惧本身并没有什么好恐惧的，就像黑夜就是与白天对应的一种存在而已。极性本来就包含二元对立的两极，为的就是帮人类体验创造出可移动的空间。往往你需要体验明显不同的差异性，来感受他们是什么。曾经，你为了体验爱，你通过感受那些不是爱的事物来确定什么是爱，于是踏上过体验恐惧的道路。

感谢所有你经历的体验本身，包括恐惧。因为即便是恐惧，也是由你来赋予其意义，由你的焦点来投注其能量。一旦你开始放手结果，不再追悔过去，不再评判自己和他人，接纳你的不接纳，恐惧就无法再从负面的角度影响到你。你没有必要去消灭恐惧，就像你没有必要消灭黑夜一样。当你去蹦极的时候，你依然会体验到恐惧，在很多本能的身体反应上，比如遭遇火灾等紧急情况，你依然会体验恐惧，但本能的反应在某种情况下，依然能更好地保护你的安全。

不同的是，一旦你开始进入深刻的觉察，你随时都可以清晰地"看见"恐惧。看见就好了，不需要与之共舞，不需要回应它，不需要喂养和强化它。你不需要刻意地去控制这些念头，只要"看见"，只要"看着"念头来来去去就好了。如此，恐惧还会来来去去，但它再也无法从负面角度影响和干扰你了。你可以随时调整并引领你接下来的体验之道途将去向何方。现在，你依然有着选择，依然随时可以修正。在两极之间如何移动，你说了算；要体验哪一极，你说了算。

　　修正：必要、及时、仁慈的"修正"——（行动者）

当你感觉到事情在推进时或在人际关系中卡住了，这时修正就要上场了。它是一个积极行动者，负责去提供必要的修正策略，并立刻及时把关系推向更流动，把事情推向更圆满的解决，基于仁慈的角度出发，为参与各方的整体最佳利益寻求最优的解题路径，并落地执行。

觉察：中性（不评判）

抱怨焦虑内耗 **−1** ⟷ **0** ⟷ **1** 正念正能量

唐宁 · 觉察与修正

我们的意识关注点、情绪、心态、回应策略及互动方式，都是可以积极移动的。当我们仅仅只是保持觉察地去"看见"自己时，这个看见是中性（不评判）的，如上图在 0 的位置。一旦做出评判，我们可能会移动到−1 的位置，抱怨焦虑内耗，在负向的方向上是会消耗生命能量的。相反，我们也可以积极调频移动到 1，正念正能量的这端，让生命能量呈正极上升这就是通过调整我们意识的关注点，去调整和修正的过程。

所有的发生，只为呼唤，更多耐心，更多智慧。

　　所有的发生，都是由当下的振动频率所吸引和呈现的。我们不必将那么多的时间消耗在强化恐惧的感觉上，而应该把更多的能量聚集在创造的当下。每当有事情卡住的时候，我都会问自己：如果我更有耐心一点，我会怎么做？如果我更有智慧一点，我会怎么做？往往我就会得出新的答案。修正最重要的是立即行动。如果只是在脑海中做出选择，选择本身也不会带来任何改变。只有行动，才会真正带来改变。

　　有句话说，世界上最遥远的距离，就是知道和做到的距离，行大于言。当你选择更开阔的视角，突破限制性的信念，生命中就没有"所谓的不可能"。所以当事情卡住的时候，深呼吸，耐心再耐心，该优化就优化，该弥补就弥补，该道歉就道歉。最重要的是尽快解决问题，让一切更流畅地运作起来。你的阻抗越小，事情就能更容易快速地通过你。

　　别忘了，凡事皆有修正的弹性和空间，凡事皆有解决问题的最优路径。

NO.8
零差评才是真支持

　　墨尔大学今年有一期团队文化的培训，我们定的学习主题是"零差评"。之所以做这个主题的培训，是因为做了十多年的团队管理，我发现阻碍企业发展一个很大的因素，是来自团队内部沟通的自我消耗。团队内耗越严重，创造力越下降。真是应了"一切都是关系，一切都在关系之中"这句话。所以要想企业发展好，团队文化和内训是非常重要的。人好了，事儿就顺了。

　　我们的写字楼位于广州 CBD 的国际金融中心，这栋大楼有 100 层高，因此聚集了城中数百家企业和几万名都市白领。每到午餐时分，楼下的饮食一条街热闹非常。随便找一家坐下，周围的餐桌上谈论的都是办公室的各种人际八卦。大家很爱点播的剧情通常有，抱怨主管，讽刺领导，埋怨某位同事拖了后腿耽误了自己的工作进度等。不知道你和同事聚餐时热聊的话题里有这些内容吗？你有没有抱怨过自己的上司或同事呢？你对身边的伙伴给过差评吗？团队伙伴里，有没有你觉得看不顺眼的某些人呢？你是否已经给每一个团队伙伴最大程度的支持了呢？

　　通常在企业沟通中，大家都以为自己很客观、很理性，就事论事。但实际上，你去观察一下企业中的沟通对话，我们都在习惯性找问题，找目前经营中的不足之处，找同事做得不够完美的地方，找活动中复盘需要改进的地方。找着找着，我们常常变成谈论和评判某个人的问题、某个人的缺点。觉察和发现某些问题是很好的，但是抱怨和评判本身并不会带来什么正向的改变。

　　一个正能量的团队，应该是彼此零差评，彼此给予最大的支持。不埋怨，不差评，只问我们能帮助对方提升多少，支持多少。当你说其他同事这里差、那里不够好时，问自己能为他提供最大的支持和帮助是什么。

　　如果你此刻还没有办法能帮他把"问题"变成"成长机会"，那么耐心和零差评将是你"真心关怀他人"内在品质的必要展现。如果团队中的每一位成员都有零差评的意识，我们就能把焦点放置在尽力支持别人的角度上，减少很多不必要的内耗。

　　一切都在关系之中，修正的关键在于互动关系。互动关系的本质为：没有你和我的区别，只有我和另一个自己。我们每一个人的心中都有一个舞台。当你关系卡住的时候，瞬间就翻转成一个战场和擂台。我们自己和对方就像擂台上对立的两个人，此时互动关系很难再往前去推进。

　　当你开始对一个人给差评的时候，擂台上角力争斗的两方都在互相评判和攻击。只要你觉察到，自己进入了打擂台这个模式，就可以做出修正。你不再站在他的对立面，而是绕到他的后面去，并站在他的背后支持他，去看看他有什么难言之隐和困难，他的立场还有什么是你没有充分"看见"的，他的感受有什么是你能够用更多的耐心与智慧去真正理解和体谅的。思考一下，你可以怎样去为他提供更多的支持和帮助，把彼此的关系往正向去修复。

此时，你就放下了评判。无论你和谁站到了对立的擂台上，都可以绕到他身后，保持练习零差评，尽力去支持他。看看接下来，会发生什么。

所以在企业的团队沟通协作中，觉察与修正的方法总结起来就是："过滤负面评价，只给正面支持。"零差评，才是真支持。

NO.9
思维的夹娃娃机

　　觉察与修正的练习，其实就是做每一件事情，练习从头脑的思维，逐步过渡到临在的觉知。头脑的思维一直都很强大，从我们小时候开始有了思维的认知，就一直使用着这个操作系统。从你小时候有了"我""我的"这个认知概念起，就开始建立了分离和竞争的意识。因为从分离和竞争的角度出发，头脑思维总是很容易不是掉在"我不够好"的坑里，就是坐上"我很厉害"的过山车。头脑思维不放过任何一个机会，来对你尽忠职守，对你和他人进行保护、防卫、控制、操纵，这都是它的本职工作。

　　我经常有个很形象的比喻：思维的夹娃娃机。当你开始练习觉察和保持临在时，经常一个不留神，就又被思维的夹娃娃机夹走了。被它夹走的时候，在掉坑这个削弱面向中，你感觉到的是恐惧、痛苦或不舒服；在坐过山车这个强化面向中，你感觉到的是自我扩张、意识膨胀或者老子天下第一。对此，需要不断地练习，保持临在。要随时能辨识出思维的夹娃娃机，它总是伺机而动。

　　以下这个练习能够让你不被思维的夹娃娃机夹走，让你能够更好地活在当下，保持临在。

红靴子

这个红靴子的练习，来自美国杨珑老师的无私分享。它是很强效的能量提升练习，每天持续练习，能达到非常好的效果。你可以用能量的"寻龙尺"测试：练习前通常人们的能量场是 1~2 个脚掌大小，练习一段时间后，个人能量场可以扩展数倍以上，达到一两米外甚至更远，并能修正较弱或已坍塌收缩的能量场。

具体步骤如下：

1. 坐姿时，把屁股垫高，让膝盖的高度低于屁股的位置，便于能量通过。双脚打开，与肩同宽（不要跷二郎腿或交叉腿）

2. 站姿时，膝盖微弯（如果膝盖打直时，腿部会绷紧锁住，能量无法流畅地通过），双脚打开，与肩同宽。

3. 想象你穿上了一双大红靴子，红色是很深的红宝石颜色（类似深枣红或最红的红石榴色），高度到膝盖。

4. 把你的红靴子接入约 300 公里之下的地心，连接地球母亲，地心将源源不断向你输送能量。

这个练习，无论是坐姿站姿，都能随时随地地做，让你保持着天地连接，越来越临在当下，临在于此时此地。当你发现自己已经被思维的夹娃娃机夹走的时候，也能继续练习：保持觉察，重新接地，穿上你的红靴子。这时能量场的焦点仿佛从原本思维呼呼转的烧脑状态，重新接地而下移至聚焦心轮中央的状态。此时夹娃娃机会自动松绑，你就能立刻回到临在的状态中。

　　而当你在做任何创作和活动的时候，都可以先做红靴子的连接，然后再做。慢慢地你就会发现，自己能更好地进入走心创造的状态。因为它的原理就是让你从头脑的思维，回到临在的觉知，接通天地，守住心轮，进入当下的创造。

NO.10
质疑一切，没有质疑

　　质疑一切，又对一切没有任何质疑，这看起来像是一个悖论。当我们身处在一个二元对立的巨大幻象之中，那么周围的一切都是幻象，一切幻象都是值得被质疑的。所以这个过程是质疑一切的过程，质疑一切的信念、资讯、观点。这有点像禅宗的参话头一样，剥离掉层层脱落的一切幻象，最终才能参得唯一的真理。

　　然而因为头脑思维运作的机制就是如此，当你开始质疑和发问的时候，你进入了头脑的思维里，很容易无意识地被数据和经验分析抓走了注意力，从临在的觉知中被带跑。所以对一切的发生没有质疑（without question），指的就是更深一层的含义，就是接纳一切，对发生本身没有质疑。当你头脑中不提任何问题时，思维会停止，你只是觉知着一切。

　　这两个方法看起来是冲突的，其实是可以结合起来运用的。一方面，身处恐惧与分离的幻象，对周围的一切提出质疑，通过不断质疑才能最终破幻出局，了悟真相。而且要在临在的觉知中提出一切质疑，才能让头脑思维成为有意识觉知的一部分，为你所用；而不是自己的意识被思维的夹娃娃机带跑。另一方面，对一切的发生没有任何质疑，只是接纳，只是说"是的"，只是说："所有的事情，我看见你了，我允许你的存在，我接纳你的发生。"没有抗拒，消融了阻力。你有一双更具智性的慧眼，在那个层次里，在一个更大的实相运转的宇宙秩序中，你清楚地"看见"与"知晓"，一切的发生都"没有问题"。

所以，质疑一切，可以带领你了悟真相。而没有质疑，可以带领你接纳臣服。我将二者结合运用。

对已经发生的没有质疑，是因为状况纯粹只是状况，情境纯粹只是情境，发生了就是发生了。我们的焦点不是强化当前的问题，而是它们会为你提供怎样的成长机会。关键是你如何保持清晰的觉知，主动协同创造你真正要体验的下一个状况和情境。这也是修正的意义所在。

修正并不是指发现错误和问题，抗拒事实和紧咬不放，评判自己和他人的过错，而是先接纳上一刻（过去）已经发生的事实，临在眼前这一刻的当下，你此刻新的决定是什么？你将如何带来自己真正要看到的新情境？所有你新制定的解决方案，都会变成下一个当下的事实。

当下，已然存在的事实，永远是没有错误和问题的。只有快速地接纳，包括接纳你的不接纳。而下一刻，又即将到来，变成下一秒的当下。在看起来相续的两个"当下"之间，假设有那么一秒的时间空隙的话，你有觉知地想主动创造的新画面是什么呢？如何让下一刻的行动带有这种觉知，并与这个觉知相匹配展开行动呢？

这才是修正的深层含义，没有质疑，接纳，不抗拒，与当下情境协调一致，回归和谐与平衡，做出爱与合一视角下的解决方案，并立即采取与之相匹配的积极行动。你可以与宇宙更大的智性联合创造，在和谐与平衡中，有觉知地踏出修正的那一个舞步。

修正不是简单的改正错误，而是你作为天地间那个伟大而神圣的协同创造者，如何开展你参与创造实相的过程。修正，真正的含义，就是踏在与宇宙和本源同步性的舞步上，去主动协同创造。

NO.11
临在觉知，从心显化

　　你理解的显化是什么，它是如何运作的？是运用某种吸引力法则的奥秘，拼命而清晰的观想某件事情，连细节都栩栩如生，把重点放在感觉上，想象自己拥有它的真实感觉，然后就心想事成了？比如你想要一辆红色的法拉利汽车，想象你拥有之后的感觉，你坐在车上的感受，皮椅和方向盘给你清晰的触感，听见汽车的轰鸣声，动次达次的美妙音乐声，哇，沉浸在这种好极了的感觉里，重点是要感觉到自己"已经"真实地拥有了它！

　　曾经这样的吸引力法则风靡了很多国家和地区，不少人将它奉为创造丰盛成功的真理。很多人以为吸引力法则是把某件其他的东西，吸引到自己的生命中来。然而我们需要理解的是，我们自身就是一座能量灯塔，散发着你专属的特质，持有一种你独有的振动频率。你已经而且一直都在吸引着某些事物来到生命里。你一直在持续地往外辐射属于你真实自我的纯正音调和频率。

　　实际上你的核心振动频率，就是吸引力法则啊！你那纯粹而独特的振动，散发着你真正的光芒、频率与能量。

　　显化也并不是把不存在某些事物，吸引到你的生命里，而是把那些早就已经同时存在于此时此地的事物，透过与你特定频率的共振和共鸣，而自动呈现出来。

　　所有那些与你共振的事物，早已在迫不及待地奔向你，早已在尽它所能地显化它自己。只有当我们选择持有着某些负面的信念时，才将它们阻挡在外。

　　所以显化不是要吸引什么来到你身边，而是要学会释放恐惧和信念，允许不再需要持有的事物远离你，不阻止共振匹配的事物自动来到你。

　　或许你也有过这样的经历：当你想到某个人，突然电话或信息就来了。当你突然在脑海中冒出一个念头："春节去哪里度假好呢?"在手机朋友圈就能看到相关的资讯了。当你想换个工作，突然当年的大学同学问你，要不要一起创业?

　　这些是我们能够去体验到的"完美的同步性"。当你愿意选择去释放所有恐惧时，所有代表你真实振动的事物，会在恰当的时机，以恰当的次序，自动而毫不费力地进入到你的生命。

　　在我们和创造源头的连接上，彼此沟通的语言叫"感觉"。的确，宇宙只听得见你的感觉，因为感觉是最真实的反映我们此刻内在的振动频率的。比如你是这个女孩：眼前站着一个比你大 20 岁，有着 10 亿身家，衣着没什么品味，聊上几句你就想逃跑的男士，举着钻戒正跪着向你求婚。当你听到他说"我爱你"，你的反应有可能会说出"我也爱你"；你的头脑也可能在说服你，他很成功很有实力，你"应该"爱上他，"应该"嫁给他；你的嘴角也可能露出微笑，情绪"看起来"甚至显得兴奋和惊喜。这时你的语言、你的思维、你的表情、你的情绪，都有可能是不真实的。如同演技精湛的演员，总是毫不费力能说出台词，辅以到位的表情和情绪，用想象力就能进入情境并演绎出来。

如果宇宙听从这些就给你回应和显化，岂不是太好骗了？宇宙的智慧远远超出这些，它可从来都不会被虚假的反应所糊弄。它只辨识你真正的反应，而唯有你身体所真正感受到的"感觉"，才是永远真实的。就像刚刚这个女孩，此刻真实的感觉就是，不喜欢这个男士，身体是开始收缩的。如果他们真的走到了一起，在两人亲热的时候，女孩就会感觉到身体最真实的感觉就是"不喜欢"，无论你嘴上说着"我爱他"，还是在脑海里说"我应该爱他"，都无济于事。

回到刚才那辆红色法拉利，如果你通过清晰的观想和感觉到已经拥有了它，的确它可能会在生活里被显化了出来。或许你买彩票中奖了，或许你去欧洲旅行，刚好有朋友借了辆一模一样的车让你开一阵子。透过观想和想象力去运用吸引力法则，总的来说，还是在头脑中创造。多年前德隆瓦洛曾提到一个观点，头脑中的创造是有二元的极性，会有反弹效果的，有好的接着就有坏的，而心的创造则是一元的，不会有负面方向的反弹。我为了弄清这两种不同的创造是如何运作的，于是去观察身边的人在创造时处于什么样的状态，后来我渐渐辨识出了这两种不同的状态。其实这其中的差别就在于是否能在临在的觉知中创造，当你临在当下，你便从一条头脑创造的河流，跳入了另外一条从心创造的河流。

一开始我的学习探索，也是从头脑中去学习课程的内容、知识、资讯。我发现在课堂上，也常有人习惯做很多的笔记和记录，生怕错过了珍贵的细节和重点。但在后来的数年里，我遇见了几位临在意识非常强的老师，并切身感受到他们存在的频率，深刻的寂静，临在的专注，那样的意识之光给予我很大的启迪和鲜活的共振。

我不再记录任何笔记，却从不会错过任何自己所需要的领悟。领悟与最后获得的真知，是在某些刹那间突然 get 到的，悟到的，它不是头脑的思考学习和思维的逻辑推理，而是直落心灵的"知晓"。这些持续处在深刻临在中的老师，仅仅是和他们的存在呆一段时间，所给予我关于深入临在的感受，他们独有的振动频率所带来的启发，才是对我的成长影响最大的。渐渐地随着进一步的深入，你就能辨识出头脑中创造的振动频率，如同响彻耳畔的噪音一般，总是会发出呜呜呜的振动。

头脑中的创造是有二元的极性的，总是有起有伏，有得有失，如同我们身边的很多成功人士和富人们，事业和财富总是起起落落，如同正旋波的曲线一样。只有回到从心创造，带着全然的觉知，在临在中创造，在中道上创造，才能免除二元的极性。

头脑的创造，思维总是来来去去，有好有坏，有对有错，有成功有失败，总是在二元对立的两极中摆动。而心的临在，觉知却总是如如不动，只有爱，只有合一，只有空无，光明圆满，本自俱足。

头脑的创造，有过去和未来的线性时间，有分离和恐惧的小我。心的创造，只有此时此地，只有当下的临在，只有对合一真相的觉知了悟。头脑的创造，是梦者在幻象中游戏。心的临在，是觉者在真相中醒来。

头脑的创造，其显化是被本能、欲望、贪执所牵引的无意识创造，经常是患得患失，一直受到竞争、攀比、评判等来自别人的影响。

心的临在，其显化是让你真正必要的体验需求，是清晰觉知下的有意识创造，是一直持续的稳定踏实，而且会让你自己感觉到"舒服"的。舒服就是自在的，适合的，共振的，没有压力感的。而无论是从头脑中创造，还是从心的临在中创造，世间所有的创造，都同样遵循因果法则和钟摆定律。

因为念头本来就会有力量，你念头的吸引力够强的话，的确能把一辆红色法拉利显化出来。还记得结果之后的结果吗？当前的结果，永远都还不是最后的结果喔！如果你过去所积累的业力及因缘和合，并不足以匹配这个财富和体验的话，这个体验就会如同钟摆一样，从拥有再次荡回到没有，在下一阶段会重新自动平衡，把你透支的部分偿还回去。这个很像你跟宇宙银行办了张星际信用卡，你很想提前享受开着法拉利的体验，OK，刷卡，提车，赶紧享受一番！没问题，但是下个月，信用卡账单总是要还的。

反之，如果你过去所积累的一切，与这个体验是可以匹配的话，就好比你在宇宙银行的账户上，本来就有这个存款数值一样，你的因果完全能匹配现在去体验这个体验，那就去享用你喜欢的事物吧。从心创造的话，就不是正弦波的曲线，而是中道的直线。你在临在中会知道哪些是必要而匹配的共振体验，总是将它恰恰好的显化出来。这时候本应发挥自动平衡与补偿作用的能量钟摆，不再左右摆动，而是直接失重了。钟摆就这样失重的停在一个原点上。

接下来你可能会问，既然从头脑的二元极性中显化会有副作用，那么要如何才能进入临在合一的从心显化呢？

其实这两种不同显化的运作，有着同样的原理：你无法显化你想要的，你只能显化你已经拥有的，你显化的其实是与你内在已经拥有的某种独特振动一致的事物。只不过头脑的显化，多了一个线性时间的维度，因此增加了一个信用卡透支的功能而已。从心显化，在临在与空性之中，没有了线性时间，因此无法透支未来，只能开放储蓄卡的功能，只会自动智能地呈现因果定律的结果。

不过好消息就是，在合一临在中，这张储蓄卡的数额就是整个宇宙，是的，无限。因为在当下的每一刻，你都能创造新的因。当过往你所创造的那些因的"余震"再次袭来，牢牢把握如何有觉知做出新的回应，去重新选择，去重新定义，去重新为未来的"果"创造一个全新的"因"。

NO.12
明确与自身相和谐的愿景

你想要一个包包，如何吵着老公也好，自己付钱也好，把它买回家了。然后你拥有了你想要的东西。这个过程其实比我们在这讨论的显化简单多了，它只是"买了"和"得到"。

显化真正的秘诀不是吸引力，不在于把"想要"的变成"得到"。显化真正的奥秘在于，明确与你自身相和谐的一个愿景，把你内在的意识状态调整为舒服的存在状态，自然进入对"已经拥有"某事知晓允许（确信无疑）的一种振动，然后把内在拥有的振动穿越线性的时间"物化"出来，在物质世界变成你真正体验的实相。你的显化能力越强，就越能越过线性时间的滞后效应，更好地迈入同步性的协同运作。

与你自身相和谐的个人愿景，既能结合更好的表达和输出你的天赋优势，具有独创性；又能结合时代及人们的刚性需求或预见引领未来的潜在需求，具有前瞻性。那么如何明确发现"与你自身相和谐的愿景"呢？我的方法是列《愿景优先清单》，你现在可以拿出一张纸，同步来做练习。这个练习可以帮助筛查出你真正想拥有的物品、目标、梦想、愿景。

1. 列出你"想要"的事物。"想要"的就是那些你所渴望和欲求的物品或目标。写完之后你通常会发现,在你想要的清单里,其中有不少是拥有了这些东西以后,会让你觉得自己变得更厉害,更与众不同、更酷炫的东西,你可以识别出哪些是来自"小我"想要的,是要来了以后满足别人眼光的。把这些选项识别出来,再问自己是否真的还想要这些。

2. 现在你重新拿一张纸,列出你"真正需要和必要"的事物。"需要必要"是指能让你的生活和存在,变得更舒服的事物,是你真正有需求和内在的迫切性去达成的愿景。

我真正需要的,一定是让我感到可以变得更舒服、更和谐的,这就是"人和"的因素。我有内在迫切性去做的事情,则往往像是屁股上有人要踹你一脚,把你踢出去,非做不可的事情。以个人经验来说,当你有很强烈的内在迫切性,被踹出去做一件事情,通常这件事在当时就刚好是占尽"天时地利"因素的事情,有种"天将降大任于斯人也"的感觉。

小到物品,比如想要一辆路虎车,如果是因为开着它出去很拉风,是想要层面的考量;如果是因为你越野的机会非常多,让自己驾乘体验更舒服,是需要层面(舒服)的考量;如果是你前面用的旧车刚好现在报废了，就更有了必要层面（迫切性）的考量。

大到愿景，比如你想在职场晋级为 CEO，如果是因为有令人艳羡的社会地位，是想要层面的考量；如果你因为你屁股坐在这个位置，你更舒服得胜任有余，整个企业运转和员工都能感觉舒服与和谐，那就是需要层面的考量；如果是你的顶头上司，现任 CEO 正好要出去创业，而你的老板最信任和想提拔的人就是你，这就是必要层面（迫切性）的考量。

从这个练习中，你通过《愿景优先清单》就能筛查出自己真正的愿景和目标，重组愿景实现的优先顺序。从行动及能量投入的角度来说，需要且必要的，优先于想要的。

一旦你明确了与自身相和谐的愿景，就能在个人愿景实现的道路上迈出关键的第一步。而个人愿景实现，是需要更进一步的系统实训，让头脑变得越来越透明与开放，信念系统层极度变薄，临在的觉知得以增强，如此从心显化和愿景必达才得以发生。

时刻注意你的焦点

永远不要怀疑你内心所持有的愿景的真实性，它并不是虚无缥缈和遥不可及的梦。虽然未知和不确定性常常让我们望而却步，但是你看看身边这些真切的每一件物品，你此刻坐的椅子，使用的手机和电脑，喝水的杯子，所以这些物品都曾经也只是一张设计图、一个设想、一个 idea 而已。所有符合你内在振动的愿景，一旦你把能量的焦点放置其上，都能被真正地落地实现。

别忘了，时刻注意你的焦点，是放置在问题和纠缠上，还是放置在解决方案和创意灵感上，这将影响你的个人愿景实现。在这个过程中，保持觉察，随时修正，调整你能量聚焦的目的地。在这个过程中，当你成长，创造也成长；当你成熟，创造也成熟。始终聚焦于那些能带来成长福佑，和谐喜悦之事，当你改变了振动频率，创造总是会返还给你，你内在所持有的状态和品质。

很多人无法顺畅的将愿景逐一实现，其中一个主要的原因是，念头总是变来变去。今天朝着一个目标准备要全力以赴了，过些天感觉身体累了，没有很高的物质回报，懒惰和拖延症又回来了，念头又改变了："算了，可能这个行业不景气！这个市场没有前景！这个梦想要成功太难了！这个方向不适合我！这个时机还不够成熟！"

创造的过程就好比你把所有的能量焦点聚集起来，箭在弦上的满弓状态。而念头变来变去，就像你总是改变瞄准的靶心，根本没有办法对准一个真正的目标。这样又怎么能精准落地而有结果呢？

持续的觉察与修正

总结起来，觉察与修正的过程中，我们要同时扮演两个角色，观察者与行动者。观察者，只是看见，中性不评判的观察事物的细节与全貌，发现自己处于哪个模式之中，有没有偏离中道，处于哪个位置，并去看见所处的模式与位置之下，呈现了哪些个人的深层信念。行动者，要采取与你的愿景画面相匹配的行动，立即积极的修正，把负向信念调转为正向积极的信念，把你各种互动关系中不舒服不流畅的 form，调整为双方都更舒服更流畅的。当然，练习的最终你不再需要任何信念的支撑，因为最终没有任何一条信念是真的。

最终，只有充满深刻觉察的意志，才能带来充满清晰意图的创造（修正）。在觉察与修正的练习过程里，或许你会和我一样，感受到以下的体会：

一刻接一刻的觉察，
一事接一事的修正。
念念相续，了了分明。

突然从某一刻起，
我决定不再以人类身体的有限性而活，
而要以永恒存有的无限性而活。

我没有另一条道路可以踏上，
没有第二个版本可以选择。
我只能活得酣畅，活得精彩；
我只能活得绽放，活得尽兴。

你会得到你所持续聚焦的东西

显化的实质，就是将你内在已经拥有的意识及振动频率，向外在显现和物化出来。我们对事物的显化是通过：你留意什么？关注什么？聚焦什么？所以，你会得到你所持续聚焦的东西。我邀请你，去追随你最大的激情，去尽你最大的能力，并且在行动的过程中，不执着于任何特定的结果。请全力以赴，请100%的给出自己。

亲爱的，你值得心想事成，你值得让一切的圆满与丰盛，轻松而不费力的，来到你。去邀请，去迎接，去欢庆！当我们准备好自己，就让一切，只是如期而至的，来到生命里！

NO.13
个人愿景实现

"愿景实现这条路，走的人很多。

每个人，走出的样子都不尽相同。

朝着活出生命最高版本的方向走，

一起踏上那神奇瑰丽的人生旅程，

去经验在这颗美丽星球所能活出的万般美好，

去惊叹此生的所选所爱，

那值得和必然的精彩与珍贵。

生命如水，静默流淌，

心之所向，顺流而创，

愿所愿得偿，赋能绽放。"

——唐宁

这将是本书最后的一个章节，一如我分享书中全部内容的意义，是为了能够对有缘读到此书的你有所启发，从而更好地实现你在地球上探索与服务的个人愿景。

    我曾经思索过：自己日复一日，年复一年，精进求学，实修探索，是为了什么？创办了一个又一个的平台，每天从早到晚专注工作 10 来个小时，满档开挂，蹦跶折腾，是为了什么？每天持续的练习觉察与修正，又是为了什么？

    再观察一下我们身边的人，大致可以分为两类，一类是绝大多数，还沉迷在梦中的游戏里，一类是极少数，在了悟真相中醒来。如果说，人生如梦，就是一场看起来如此生动真实的游戏，也总会有落幕的一天。而游戏终结，你总归会从梦中醒来。黑夜，总会过去；梦，总会醒来。

    从我自身的体验中，所理解领悟到不同阶段生命体验的自我性质可分为三种：幻质、特质、本质。

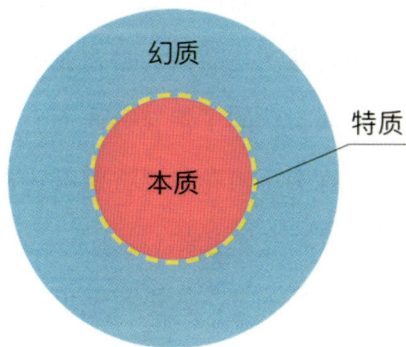

    当绝大多数人在恐惧与分离的幻象中游戏时，他（她）所认同和理解的自我可称为"幻质"，幻质的自我并不是真实的自我，而是

头脑所创生的"小我"的自我，是那个经常被思维的夹娃娃机带跑的自我。幻质的自我，所认同的自己，就是经常掉进坑里的自己，就是经常坐上过山车的自己。而且往往控制者、受害者等这些幻质的模式，是重复上演的，从一个坑，到另一个坑；从一个过山车，到另一个过山车，循环往复，难以破幻。

从幻质回归本质的过程，正是很多人所追求的开悟。然而已经彻底了悟终极真相的人，一旦回归了生命的本质，又往往大多没有什么兴趣再继续玩世间的游戏了。一如有些开悟的高僧大德，隐居的得道高人，悠然出离世间，避开世俗的浸染，多大的利禄功名，也不及闲云野鹤之脱洒。

我们每一个生命，就如同浩瀚海洋中的一朵小浪花。无限的海洋，才是我们生命的本质。然而深入幻象中的自我，总把自己认同为是一朵分离出来的小浪花。这朵认为自己是孤独的小浪花，忘却了海洋合一而无限的本质，认同了浪花分离而有限的幻质，开始了在地球上的体验之旅。这朵小浪花，要么就沉迷在分离的幻质认同里，要么就开始了对本质的追寻求索。

然而我想提出一个新的思考，如果我是出现在坐标为中国广州珠江河畔的那朵小浪花，与出现在日本北海道翻腾的另一朵小浪花，与出现在南极海面上帮企鹅洗澡的那一朵小浪花，我们有何不同？一方面，我们因渴望强化自己的独特性和重要性，而更深入地迷失在自我的幻象之中。另一方面，我们又不得不承认，每一朵小浪花，从无限海洋中分离，必有其独特体验的意义。

这就是在幻质和本质之间，那个特质的所在。这也是对于每一个生命入世并有所作为而言，非常重要的关键。穿越幻质的迷雾，必然能发现更贴近真实本质的独特自我，这就是特质——每一个个体生命所独有的一种振动频率。在这里，我用虚线表示，因为，独有的特质与生命的本质，其实是融为一体的。在本质层，无我，只是存在（being）。在特质层，姑且还有一个独特的真我，独特的真我可以带有清晰觉知的去"有所作为"（doing）。在幻质层，小我，或称为"假我"，只是无意识的瞎忙与疯狂（busy and cazy），常常在控制者和受害者等角色中来回切换，在焦虑、恐惧的负面情绪和重复的行为模式中受苦。

了悟真相的过程，必然是从幻质中醒来，知晓生命的本质，了悟事物的真相。在这里，我特别想提出的是，特质的概念，以及对自我特质的关注。这种关注，首先有别于在幻质层对假我独特性的强化与喂养。对特质的关注和发掘，是基于对生命本质层的洞见与知晓，是基于对临在深入的觉知。而对特质的展现与表达，则是基于对本质的觉知中，所进行的与宇宙智慧同步性的协同创造，我称之为"个人愿景实现"。

个人愿景，不是事业战略，不是工作目标，不是职业规划。个人愿景，是个体灵魂的生命蓝图，是你此生在地球上探索与服务的全息愿景，它恢弘高远而又神圣。个人愿景，一定是令你兴奋喜悦之事，是来自灵魂深处的打 call，是你的心之所指。个人愿景，并不是在你诞生之后，才被后天的自己所赋予。个人愿景，早在你创生之前，先天就已经存在了。就像你盖一栋 50 层高的摩天大楼，是直接就往上盖呢，还是先有整体规划的设计图呢？个人愿景，就是那张你此生的设计蓝图。

当你明确发掘了个人愿景，你会发现，所谓的天赋才华，早就已经精准组装，陪你前来地球闯关。你自带的天赋，一定会与你的个人愿景完美匹配，陪你一路向前开挂，尽兴绽放。

前面我们已经谈到过如何明确个人愿景，接下来我们谈论的是如何实现它？从根本上来说，最重要的发展自我的"临在意识"。从愿景实现的技术层面来说，还有一个很重要的因素是"能量提升"。这两个要素构成了影响一切和决定未来的意识能级，形成了你独有的一种振动频率。

临在意识，是自我觉知逐步深入、逐步扩展的意识。它的关键因素是，恒久保持觉知，时刻活在当下。我也曾见过有些老师很注重静心冥想，发展临在意识，却不怎么注重身心健康活力的锻炼，忽略了能量提升练习的部分，身体显得有些跟不上灵性意识的发展。

而个人愿景实现，就好比你要驾驶一辆完整的马车，你是车夫，为了能走得更远更舒适，还能载人载货（以便完成更多在地球上的服务），你需要好好照顾和驾驶这辆马车。马是你的临在意识，而车子是你的身体，作为车夫，你自己得坐在车子上更好地使用它们，所以保养好车子（身体）的各种能量提升的练习，是必不可少的。

能量提升的练习，不仅仅只是让身体受益，更健康活力的身心状态，也必然促进灵的层面的觉知和体验。能量提升和意识扩展，是一辆完整的马车。而当车夫的你，完全觉知专注地驾驶它们时，你就在临在之中去有所作为了，这才能更好地实现你的个人愿景。

觉察与修正，将是我们此生可以持续修习的有效方法。总结起来，觉察与修正，一方面，我们通过免除了阻碍愿景实现的负面因素，分析了生命体验的真相，人生故事的原理，辨识假我制造的分离和恐惧的幻象，从控制者和受害者的模式中释放，并摆脱思维的夹娃娃机的限制，学会放手结果，成为自己人生的编导演大人，学会正向创造，从心显化。

另一方面，觉察与修正，最终就是在临在的觉察中，持续扩展意识；在积极行动的修正中，协同创造更和谐流畅的互动关系和故事情境，最终带来能量振动频率的不断提升。觉察修正是帮助你实现愿景的两大实用工具。

通过熟练运用这两大自我提升的有力工具，总有一天，我们会完全体会到：在自己这朵可爱的欢腾的小浪花之内，完全地持有整体海洋的全部特质。海洋的咸味、温度、气息、浩瀚和无垠等完整的所有品质，都早已在每一朵小浪花之内。是的，你既是部分，也同时包含着整体的所有可能性和圆满具足的品质。

一旦每一个生命都能精准的实现个人愿景，完美地表达自身存在的特质，我们将能服务于以自身特质的发展，去丰富创造源头的无限智慧；我们将能看见眼前每一个生命的特质，并知晓一切生命共同的本质；我们将能在宇宙那鲜活流动的圣爱河流中舞动，我们将能服务于伟大地球母亲与所有生命共同的福祉。

祝福你，即将或已经踏上了，觉察与修正的回归道途。临在意识将铺满你的扬升之路，确然觉知将陪伴你的进化之旅。祝福你，心中盛开着爱的玫瑰，满溢着合一的欢喜。祝福你，就在此时此地，回归永恒的平安与宁静，一如我们的来时路。

-全书完-

"We are the one.
每个人都因爱而铸就，
因生命力的注入而点亮，
因创造力的展现而闪耀。
每个人都有能力显化一种
独特的能量和振动，
以此表达神圣本质，
那具有无限可能性的不同面向。"

图书在版编目（CIP）数据

活出生命品质／詹唐宁 著. —北京：东方出版社，2019. 5
ISBN 978-7-5207-0679-7

Ⅰ. ①活…　Ⅱ. ①詹…　Ⅲ. ①成功心理—通俗读物　Ⅳ. ①B848. 4-49

中国版本图书馆 CIP 数据核字（2018）第 267708 号

活出生命品质

（HUOCHU SHENGMING PINZHI）

作　　者：詹唐宁
责任编辑：贺　方　王　萌
出　　版：东方出版社
发　　行：人民东方出版传媒有限公司
地　　址：北京市东城区朝阳门内大街 166 号
邮　　编：100010
印　　刷：北京汇瑞嘉合文化发展有限公司
版　　次：2019 年 5 月第 1 版
印　　次：2023 年 8 月第 4 次印刷
开　　本：880 毫米×1360 毫米　1/16
印　　张：13. 75
字　　数：150 千字
书　　号：ISBN 978-7-5207-0679-7
定　　价：48. 00 元
发行电话：（010）85924663　85924644　85924641